观花植物

栽培百科图鉴

吴棣飞　　王军峰◎编著

吉林科学技术出版社

图书在版编目（CIP）数据

观花植物栽培百科图鉴 / 吴棣飞、王军峰编著. -- 长春 : 吉林科学技术出版社，2020.10
ISBN 978-7-5578-5266-5

Ⅰ. ①观… Ⅱ. ①吴… ②王… Ⅲ. ①花卉－观赏园艺－图集 Ⅳ. ①S68-64

中国版本图书馆CIP数据核字(2018)第300020号

观花植物栽培百科图鉴
GUAN HUA ZHIWU ZAIPEI BAIKE TUJIAN

编　　著　吴棣飞　王军峰
出 版 人　宛　霞
责任编辑　张　超
助理编辑　周　禹
书籍装帧　长春创意广告图文制作有限责任公司
封面设计　长春创意广告图文制作有限责任公司
幅面尺寸　167 mm×235 mm
开　　本　16
印　　张　15.5
页　　数　248
字　　数　300千字
印　　数　1-6 000册
版　　次　2020年10月第1版
印　　次　2020年10月第1次印刷
出　　版　吉林科学技术出版社
发　　行　吉林科学技术出版社
社　　址　长春市福祉大路5788号龙腾大厦A座
邮　　编　130118
发行部电话／传真　0431-81629529　81629530　81629531
　　　　　　　　　81629532　81629533　81629534
储运部电话　0431-81629516
编辑部电话　0431-81629519
印　　刷　辽宁新华印务有限公司
书　　号　ISBN 978-7-5578-5266-5
定　　价　59.90元

前 言

"水陆草木之花，可爱者甚蕃。晋陶渊明独爱菊。自李唐来，世人甚爱牡丹。予独爱莲之出淤泥而不染，濯清涟而不妖……"

正如周敦颐所说，这世间的花，讨人喜爱的真是太多太多了，有人爱菊之幽淡，有人爱牡丹之雍容，有人爱莲之高洁，有人爱竹之谦逊，有人爱兰之清幽，亦有人——都爱。

莳花弄草是一种悠闲的生活方式，就如老舍先生所写："我只把养花当作生活中的一种乐趣，花开得大小好坏都不计较，只要开花，我就高兴。在我的小院子里，一到夏天满是花草，小猫只好上房去玩，地上没有它们的运动场。"

但是老舍先生养花，只养"自己会奋斗的花"，因为"珍贵的花草不易养活"，这正是很多爱花的人对一些花望而却步的原因。本书出版就是为了让更多爱花之人可以"近观"花之美好，可以尽情亲近自己爱的花，而不用担心自己"害了"花儿性命。

愿我们的生活就像期待中一样绿意满满，弥漫芬芳。

目录 ◀ ▶ CONTENTS

入门篇

了解观花植物

栽培篇

让观花植物花团锦簇

杂交百合类

德国报春

朱槿

杂交铁线莲类

芍药

山茶

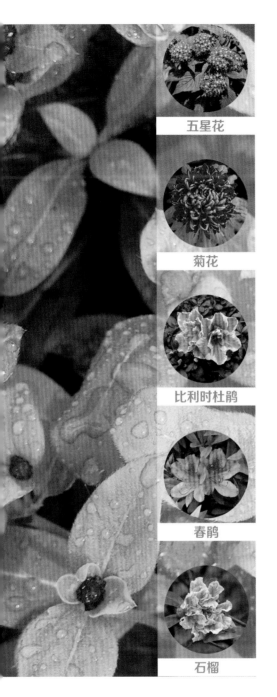

五星花

菊花

比利时杜鹃

春鹃

石榴

入门篇

了解观花植物

观赏花卉的分类

花卉的种类繁多，我国常见的栽培观赏花卉可达1 000余种，花卉的分类方法也不尽相同，一般用于园林栽培的花卉多按形态特征、生长习性分类。但无论采用哪种分类方法，都是为了方便栽培管理、繁殖应用。

草本花卉

草本花卉一般木质部不发达，茎草质或呈亚灌木状，支持力较弱，植株相对较小。草本花卉中，按其生育期长短不同，又可分为一年生草本花卉、二年生草本花卉和多年生草本花卉。

木本花卉

木本花卉的茎木质部发达，茎坚硬，支持力强，植株较草本花卉高大。木本花卉主要包括乔木类、灌木类。

藤本花卉

藤本花卉的茎不能直立，枝条一般生长细弱，通常为蔓生状，可分为草质藤本花卉与木质藤本花卉两大类。前者茎草质，攀缘能力较弱；后者茎木质，蔓条生长旺盛，攀缘能力强，如爬山虎、金银花等。在栽培管理过程中，通常设置一定形式的支架、棚架，让藤条附着攀爬生长；亦可将藤本花卉种植于屋顶、假山等高处，让其自然下垂。

水生花卉

水生花卉指生长于水中的观赏植物，此类花卉对水分的要求和依赖远远大于其他各类，因此也构成了其独特的习性。水生花卉种类繁多，是营造庭院水景的主要植物材料，如荷花、睡莲等。

草坪与地被

草坪与地被是主要用于覆盖地表，并且具有一定观赏价值的植物。可铺设于大面积裸露平地、坡地、阴湿林下和林间隙地等处。如黑麦草、早熟禾、白三叶、萱草等。

通过调整光照控制花期的方法

　　家庭栽培花卉时，可通过调整植物的光照时间长短达到控制花期的目的，这些方法简单而且容易操作。

短日照处理法

　　在长日照的季节（夏天）里，要使长日照花卉延迟开花，使短日照花卉提前开花都需遮光。处理时可用黑布或黑色塑料布将阳光遮挡住，人为造成短日照条件。如一品红在下午3点至翌日早8点这一时间段，置于黑暗中40天即可开花。（处理前停施氮肥，增施磷、钾肥）

长日照处理法

　　在短日照的季节（冬天）里，要使长日照花卉提前开花，使短日照花卉延迟开花都需人工辅助光照。处理时，在太阳下山之前，把灯打开，延长光照5～6小时；或在半夜用灯光照1～2小时，以缩短暗期长度，达到调控花期的目的。如菊花在9月上旬至11月上旬进行人工辅助光照，可延迟至春节前开花。

遮光延长开花时间处理法

　　部分花卉不能适应强烈的阳光，特别是在含苞待放之时，用遮阳网进行适当地遮光或把植株移到光强较弱的地方，均可延长开花时间，如杜鹃、牡丹、月季、康乃馨等。

颠倒昼夜处理法

　　有些花卉的开花时间在夜晚，给人们的观赏带来很大的不便，如昙花总在晚上开放，从绽放到凋谢至多3～4小时，所以只有少数人能观赏到昙花的艳丽风姿。处理时可把花蕾已长至6～9厘米的植株，白天放在暗室不见光，晚上7点至翌日早6点用100瓦的强光给予充足的光照。一般经过4～5天的昼夜颠倒处理后，就能改变昙花夜间开花习性，使之白天开花。

花卉对温度的要求

温度是影响花卉生长发育的重要因素，每一种花卉的生长发育，对温度都有一定的要求，一般来说花卉最适生长温度为25℃左右。而根据其耐寒力不同，将花卉分为耐寒性花卉、半耐寒性花卉、不耐寒性花卉三类。

耐寒性花卉

耐寒性花卉大多原产于温带或寒带地区，主要包括露地二年生花卉、部分宿根花卉、部分球根花卉等。此类花卉耐寒力强，能耐受-10～-5℃低温，甚至在更低温度下亦能安全越冬。在我国北方大部分地区可露天生长，不需保护地。如二年生花卉中的三色堇、雏菊、羽衣甘蓝、矢车菊等；多年生花卉如玉簪、一枝黄花、耧斗菜、荷兰菊、菊花、郁金香、风信子等。

半耐寒性花卉

大多原产于温带南缘和亚热带北缘地区，耐寒力介于耐寒性花卉与不耐寒性花卉之间，通常能忍受较轻微霜冻，在长江流域可安全越冬。但因种类不同，耐寒力也有较大差异，部分种类在长江流域或淮河以北不能露地越冬，而有些种类则有较强耐寒力，华北地区通过适当保护，可安全越冬。常见种类有紫罗兰、金盏菊、桂竹香、鸢尾、石

蒜、水仙、万年青、葱兰、香樟、广玉兰、梅花、桂花、南天竹等。此类植物在北方引种栽培时，应注意引种试验，选择适宜的气候和抗寒品种，冬季要有针对性地加以保护，其中一些种类如广玉兰、香樟、夹竹桃等更应慎重。

不耐寒性花卉

多原产于热带、亚热带地区，包括一年生花卉、春植球根花卉、不耐寒的多年生常绿草本和木本温室花卉。生长期间要求高温，不能忍受0℃以下温度，甚至在5℃或更高温度下即停止生长或死亡。这些花卉中一年生及多年生作一年生栽培的种类，其生长发育在一年中的无霜期进行，春季晚霜后播种，秋末早霜到来前死亡，如鸡冠花、万寿菊、一串红、紫茉莉、麦秆菊、翠菊、矮牵牛、美女樱等；春植球根花卉也属不耐寒性花卉，如唐菖蒲、美人蕉、晚香玉、大丽花等，在寒冷地区为防冬季冻害，需于秋季采收，贮藏越冬；不耐寒的多年生草本或木本花卉，在北方需保护地越冬，成为温室花卉。

浇水的方法

很多新手都有养花失败的惨痛教训，究其原因往往是浇水不合理。花卉浇水的原则是"不干不浇，浇则浇透"，平常说的"干湿相间""干干湿湿"即为此意。浇水的"透"即指浇水要浇到水从盆底的排水孔溢出为止。因此，对于大盆及水口（盆土土面至盆口的距离）较短的盆花，应反复浇水数次才能完全浇透。给不同状态的花卉浇水，应根据不同情况，掌握正确的浇水方法。具体应注意以下三个方面。

根据不同花卉对水分的要求浇水

不同的花卉对水分的要求是不同的，所以有"干松湿菊""干茉莉，湿珠兰（金粟兰）""干不死的蜡梅"等说法。通常情况是叶片硕大而柔软的，其叶面的蒸腾量较大，浇水的次数与水量应增加，如龟背竹、棕竹、旱伞草、紫鹅绒、橡皮树、羽裂蔓绿绒等，在生长期间喜较湿润的环境，浇水应遵循"宁湿勿干"的原则。而叶面具角质层、蜡质、叶面多毛和针叶的植物，水分的散失比较慢，需水量也少些，如酒瓶兰、五针松、虎尾兰、莲花掌等，喜较干燥的环境，浇水应注意"宁干勿湿"。

根据花卉不同生长期对水分的要求浇水

性喜温暖而冬季需室内保温越冬的花卉，整个越冬期间应保持盆土较干燥的状态，以利于花卉的安全越冬。露地越冬的花卉，由于其处在休眠状态，生命活动十分微弱，因而对水分的要求较少，日常养护时应节制浇水。花卉旺盛生长期，需水量增加，应充分供给水分。夏季高温处于休眠或半休眠状态的花卉，则须控制浇水量，以免导致烂根死亡。

根据花卉长势强弱浇水

枝叶茂盛、生长强健的花卉植株，需水量较多，应充足浇水。生长衰弱或由于养护不当、病虫危害等原因而造成叶片大量脱落或叶片面积减少的，都应严格控制水分，以免盆土过湿而导致花卉的死亡。

土壤的选择

土壤的分类

土壤是植株赖以生存的基础，植物通过根部从土壤里吸收水分与营养，不同植物对土壤的要求不同。土壤主要有以下六种。

园土

园土一般为菜园、果园、竹园等的表层沙壤土，土质比较肥沃，呈中性、偏酸或偏碱。园土变干后容易板结，透水性不良。一般不单独使用。

河沙

河沙不含有机质，洁净，酸碱度为中性，适于扦插育苗、播种育苗以及直接栽培仙人掌及多浆植物。一般黏重土壤可掺入河沙，改善土壤的结构。

腐叶土

腐叶土一般由树叶、菜叶等腐烂而成，含有大量的有机质，疏松肥沃，透气性和排水性良好，呈弱酸性。可单独用来栽培君子兰、兰花和仙客来等。一般腐叶土配合园土、山泥使用。用秋冬季节收集阔叶树的落叶（以杨、柳、榆、槐等容易腐烂的落叶为好）与园土混合堆放1~2年，待落叶充分腐烂即可过筛使用。

松针土

在山区森林里松树的落叶经多年的腐烂形成的腐殖质，即松针土。松针土呈灰褐色，较肥沃，透气性和排水性良好，呈强酸性，适于杜鹃花、栀子花、茶花等喜强酸性的植株。

塘泥

塘泥也称河泥。一般在秋冬季节捞取池塘或湖泊中的淤泥，晒干粉碎后与粗沙、谷壳灰或其他轻质、疏松的土壤混合使用。

沼泽土

在沼泽地干枯后，挖取其表层土壤，为良好的盆土原料。沼泽土的腐殖质丰富，肥力持久，呈酸性，但干燥后易板结、龟裂，应与粗沙等混合使用。

基质的分类与选择

基质常用于无土栽培或与土壤混合使用，具有较好的透气性、保水性，还含有大量的微量元素，在现代的花卉栽培中广泛使用。主要的基质有以下几类。

树皮

松树皮和硬木树皮具有良好的物理性质，树皮首先要粉碎成1～2厘米或5～10毫米等规格，细小的颗粒可作为栽培介质，具有疏松透气、质量轻、排水性好等特点。

木屑

木屑和树皮有类似的性质，但较易分解沉积，而过于致密则不易干燥。

砻糠灰

又称碳化谷壳灰，是谷壳燃烧后形成的灰，呈中性或弱酸性，含有较高的钾素营养，掺入土中可使土壤疏松、透气。

泥炭

又称草炭，是由芦苇等水生植物，经泥炭藓的作用碳化而成。北方多用褐色草炭配制营养土。草炭土柔软疏松，排水性和透气性良好，呈弱酸性反应，为良好的扦插基质。用泥炭土栽培原产于南方的兰花、山茶、桂花、白兰等喜酸性花卉较为适宜。

珍珠岩

珍珠岩是天然的铝硅化合物，即粉碎的岩浆岩加热到1 000℃以上所形成的膨胀材料。具封闭的多孔性结构。珍珠岩较轻，通气良好，无营养成分，质地均一，不分解。珍珠岩较轻，容易浮在混合介质的表面。

蛭石

蛭石是硅酸盐材料在800～1 100℃下加热形成的云母状物质。在加热中水分迅速失去，矿物膨胀相当于原来体积的20倍，其结果是增加了通气孔隙和持水能力。蛭石栽培植物后，容易变致密，使通气和排水功能变差，因此最好不要用作长期盆栽植物的介质。

陶粒

陶粒是黏土经假烧而成的大小均匀的颗粒，不会变致密，具有适宜的持水量和阳离子代换量。陶粒在盆栽介质中能改善通气性。无致病菌，无虫害，无杂草种子，不会分解，可以长期使用，但一般作为盆栽介质只用占总体积20%左右的陶粒。

煤渣

煤渣是煤炭经过燃烧后的废弃物，呈碱性，如果用它种植喜酸性植株，若条件允许应先用废酸处理掉过多钙质，然后用水清洗，晒干后再作盆栽介质。

岩棉

岩棉是60% 辉绿岩和20%石灰岩的混合物，再加入20%的焦炭，在约1 600℃的温度下熔化制成。具有良好的保水性，可调节土壤的酸碱度。

肥料的使用

肥料是施于土壤或植物的地上部分，能改善植物的营养状况，提高作物产量和品质，改良土壤性质，预防和防止植物生理性病害的有机或无机物质。或者说"肥料是直接或间接供给作物所需养分，改善土壤现状，提高作物产量和品质的物质"。其中植物所必需的矿质元素有氮、磷、钾"三要素"，钙、镁、硫"三中素"和硼、锰、锌、铜、钼、铁、氯"七微素"13种。所以简单地说，肥料就是为植物补充前面所说的13种元素。因此植物的施肥需要均衡，缺一不可。

有机肥

动物性的有机肥有：人畜粪便、骨粉、动物内脏等。植物性的有机肥有：秸秆、豆饼、草木灰、果蔬皮等。有机肥的腐殖质可有效改良土壤的结构，但其获得途径比较困难，且容易产生臭味等，家庭栽培花卉只能少量应用，多作为基肥使用。

无机肥

也叫化学肥料，简称"化肥"。它具有成分单纯、含有效成分高、易溶于水、分解快、易被根系吸收等特点，故称"速效性肥料"。无机肥料中亦包含复合化肥即复合肥，是复混肥料的一种，是指氮、磷、钾三种养分中，至少有两种标明养分量的肥料，由化学方法加工制成。复合肥具有养分含量高、副成分少且物理性状好等优点，对平衡施肥、提高肥料利用率、促进作物的高产稳产有着十分重要的作用。

繁殖的方法

植株的繁殖分为有性繁殖和无性繁殖两种。有性繁殖是指利用种子进行繁殖。其优点在于实生苗发育健壮、适应性强，适合大量繁殖。无性繁殖也叫营养繁殖，是指利用植物营养器官（根、茎、叶）的一部分，培育成新的植株。主要的方法有扦插、分株、压条、嫁接等；组织培养等方法多用于工厂化生产，家庭栽培一般不采用。无性繁殖的优点在于可以保持亲本的特性不变，但无性繁殖的苗木根系发育差，适应能力不强，且不能大量繁殖新植物。

播种

播种的时间

播种时间大致为春秋两季，通常春播时间在2—4月，秋播时间在8—10月。家庭栽培受地理条件限制，没有大的苗床均采用盆播，如有庭院、露台、阳台，也可采用露地撒播、条播。最经济的做法是盆播，出苗后移植。

盆播的准备

在播种前将盆洗刷干净，盆孔填上瓦片，在盆内铺上粗沙或其他粗质介质作排水层，然后再填入筛过的细沙壤土，将盆土压实刮平，即可进行播种。

盆播的具体方法

一些大粒的种子如凤仙花，可以一粒粒的均匀点播，然后压紧再覆一层细土。小粒种子如鸡冠花，只能撒播，均匀播于盆中，然后轻轻压紧盆土，再薄薄覆盖一层细土。并用细眼喷壶喷水，或用浸水法将播种盆坐入水池中，下面垫一倒置空盆，水分由底部向上渗透，直浸至整个土面湿润为止，使种子充分吸收水分和养分。然后将盆面盖上玻璃或薄膜，以减少水分蒸发。播种到出苗前，土壤要保持湿润，不能过干过湿，早晚要将覆盖物掀开数分钟，使之通风透气，然后再盖好。一旦种子发出幼苗，立即除去覆盖物，使其逐步见光，不能立即暴露在强光之下，以防幼苗猝死。

间苗

幼苗过密，应该立即间苗，去弱留强，以防过于拥挤，使留下的苗能得到充足的阳光和养料，茁壮成长。间苗后需立即浇水，使留下的幼苗根部不致因松动而死亡，当长出1~2片真叶时，即进行移植。

扦插

扦插根据插穗的不同可分为以下4种。

叶插

即用植株叶片作为插穗，一般多用于再生力旺盛的植物。可分为全叶插和部分叶片扦插。用带叶柄的叶扦插时，极易生根。叶插发根部位有叶缘、叶脉、叶柄。非洲紫罗兰叶插于土中或泡于水中均可在叶柄处长出根来。虎尾兰叶片可切为4~5厘米长的数段，斜插于盆中，可由叶片下部生根发芽。

叶芽插

一枚叶片附着叶芽及少许茎的一种插法，介于叶插和枝插之间。茎可在芽上附近切断，芽下稍留长一些，这样生长势强、生根壮。一般插穗以3厘米长短为宜。橡皮树、花叶万年青、绣球、茶花都可采用此法繁殖。

枝插

因取材和时间的差异，又分为硬枝扦插、嫩枝扦插和半硬枝插。硬枝扦插：落叶后或翌春萌芽前，选择成熟健壮、组织充实、无病虫害的一二年生枝条中部，剪成10厘米长左右，3~4个节的插穗，剪口要靠近节间，上端剪成斜口，以利排水，插入土中。嫩枝扦插：即当年生嫩枝扦插。剪取枝条长7~8厘米，下部叶剪去，留上部少数叶片，然后扦插。半硬枝插：主要是常绿花木的生长期扦插。取当年生半成熟枝梢8厘米左右，去掉下部叶片留上部叶片2枚，插入土中1/2~2/3即可，如桂花、月季等。

根插

用根作为插穗繁殖新苗，仅适用于根部能发生新梢的种类。一般用根插时，根愈大则再生能力愈强，可将根剪至5~10厘米长，用斜插或水平埋插，使发生不定芽和须根，如芍药要选择靠近根头的部分，发芽力强；垂盆草根细小，可切成2厘米左右的小段，撒于盆面上然后覆土。此外，蜡梅、牡丹、非洲菊、雪柳、柿、核桃、圆叶海棠都可采用根插。插后的管理：扦插后的管理主要是勿过早见强光，遮阴浇水，保持湿润。根插及硬枝插管理较为简单，勿使受冻即可。嫩枝、半硬枝插，宜精心管理，保持盆土湿润，以防失水影响成活。发根后逐步减少灌水，增加光照，新芽长出后施液肥1次，植株成长后方可移植。此外，在整个管理过程中，要注意花卉病虫害和除草松土。

分株

　　分株繁殖多用于宿根草本、丛生灌木的繁殖，有时为实行老株更新，亦常采用分株法促进新株生长。分株繁殖大致可分为以下几类。

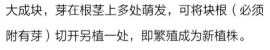

块根类分株繁殖

　　如大丽花的根肥大成块，芽在根茎上多处萌发，可将块根（必须附有芽）切开另植一处，即繁殖成为新植株。

球茎类的分球繁殖

　　茎缩短肥厚，成为扁球状或球状，如唐菖蒲、郁金香、小苍兰、晚香玉等。将球茎鳞茎上的自然分生小球进行分栽，培育新植株。一般很小的子球第一年不能开花，第二年才开花。母球因生长力的衰退可逐年淘汰，根据挖球及种植的时间来定分球繁殖季节，在挖掘球根后，将太小的球分开，置于通风处，使其通过休眠以后再种。

根茎类的分株繁殖

　　埋于地下向水平横卧的肥大地下根茎，如美人蕉、竹类，在每一长茎上用利刀将带3～4芽的部分根茎切开另植。

宿根植物分株繁殖

　　丛生的宿根植物在种植三四年或盆植二三年

后，因株丛过大，可在春秋两季分株繁殖。挖出或结合翻盆，根系多处自然分开，一般分成2~3丛，每丛有2~3个主枝，再单独栽植。如萱草、鸢尾、春兰等花卉。

丛生型及萌蘖类灌木的分株繁殖

将丛生型灌木花卉，在早春或深秋掘起，一般可分2~3株栽植，如蜡梅、南天竹、紫丁香等。另一类是易于产生根蘖的花木，将母体根部发生的萌蘖，带根分割另行栽植，如文竹、迎春、牡丹等。

压条

压条法，是将一植株枝条不脱离母体埋压土中繁殖的一种方法。多用于难以扦插生根的花卉，如蜡梅、桂花、结香、米仔兰等。

单枝压条

取靠近地面的枝条，作为压条材料，使枝条埋于土中15厘米深，将埋入地下枝条部分施行割伤或轮状剥皮，枝条顶端露出地面，以竹钩固定，覆土并压紧。连翘、罗汉松、棣棠、迎春等常用此法繁

殖。此法还可在一个母株周围压条数枝，增加繁殖株数。

堆土压条

此法多用于丛生性花木，可在前一年将地上部分剪短，促进侧枝萌发；第二年，将各侧枝的基部刻伤堆土，生根后，分别移栽。凡丛生花木，如绣线菊、迎春、金钟等均可用此法繁殖。

波状压条

将枝条弯曲于地面，将枝条割伤数处，将割伤处埋入土中，生根后，切开移植，即成新个体。此法用于枝条长而易弯的种类。

高空压条法

此法通常是用于株形直立、枝条硬而不易弯曲，又不易发生根蘖的种类。选取当年生成熟健壮枝条，施行环状剥皮或刻伤，用塑料薄膜套包环剥处，用绳扎紧，内填湿度适宜的苔藓和土，等到新根生长后剪下，将薄膜解除，栽植成新个体。压条不脱离母体，均靠母体营养，要注意埋土压紧。切离母体时间视品种而异，月季当年可切离，桂花越年切离。栽植时尽量带土，以保护新根，有利成活。

嫁接

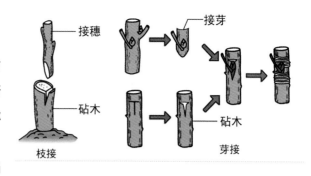

嫁接是用植株的一部分，嫁接于其他植株上繁殖新株的方法。用于嫁接的枝条称接穗，所用的芽称接芽，被嫁接的植株称为砧木，接活后的苗为嫁接苗。在接穗和砧木之间发生愈合，当接穗萌发新枝叶时，即表明接活，剪去砧木萌枝，就形成了新个体。休眠期嫁接一般在3月上中旬，有些萌动较早的种类在2月中下旬。秋季嫁接在10月上旬至12月初。生长期嫁接主要是进行芽接，7~8月为最适期，桃花、月季多在此期间嫁接。砧木要选择和接穗亲缘近的同种或同属植物，且适应性强，生长健壮的植株；接穗要选生长饱满的中部枝条。嫁接的主要原则是切口必须平直光滑，不能毛糙、内凹，嫁接绑扎的材料，现在多用塑料薄膜剪成长条。操作方法主要有如下三种。

切接

将选定砧木平截去上部，在其一侧纵向切下2厘米左右，稍带木质部，露出形成层，接穗枝条一端斜削成2厘米长，插入砧木，对准形成层，绑扎牢即可。

靠接

将接穗和砧木2个植株，置于一处，将粗细相当的两根枝条的靠拢部分，都削去3~5厘米长，深达木质部，然后相靠，对准形成层，使削面密切接合并扎紧。

芽接

多用丁字形芽接，即将枝条中部饱满的侧芽，剪去叶片，留下叶柄，连同枝条皮层削成芽片长约2厘米，稍带木质部，然后将砧木皮切成"丁"字形，并用芽接刀将薄片的皮层挑开，将芽片插入，用塑料薄膜带扎紧，将芽及叶柄露出。

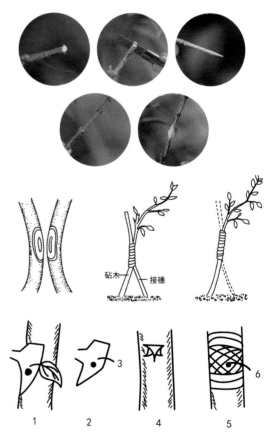

植株生理性病害防治

花卉在生长发育过程中，常因低温、高温、强光、干旱、积水等不利条件而生病，此类因环境条件不适应所引起的病害叫生理性病害，也叫作非侵染性病害。

低温

低温对植株的伤害，大体可分为寒害、霜害及冻害三种。

寒害

是指温度在0℃以上的低温对不耐寒花卉的危害，受害的花卉主要是原产于热带或亚热带的花卉。寒害最常见的症状是变色、坏死及表面出现斑点。木本花卉还会出现芽枯、顶枯、破皮流胶及落叶等现象。

霜害

气温或地表温度下降到0℃左右时，空气中饱和的水汽凝结成白色的冰晶——霜。由于霜的出现而使花卉受害，称为霜害。花卉遭受霜害后，受害叶片呈水浸状，解冰后软化萎蔫，不久即脱落。木本花卉幼芽受冻后变为黑色，花器呈水浸状，花瓣变色脱落。

冻害

是指气温冷却温度降到0℃以下，使花卉体细胞间隙结冰所引起的伤害。冻害常将草本花卉冻死，将一些木本花卉树皮冻裂，导致枝枯或伤根。

///小贴士///

花卉受低温的伤害，除了外界气温的因素外，还取决于花卉品种抵抗低温的能力，同一品种在不同发育阶段，抗低温的能力也不同。休眠期抗性最强，营养生长期居中，开花结果阶段抗性最弱。

高温

当温度超过花卉所能忍受的最高温度后再继续上升，就会对花卉产生伤害作用，使生长发育受阻、植株矮小、叶和茎部发生局部灼伤、花量减少、花期缩短。叶片对高温反应最敏感，在强光照射下，叶温会高出气温10℃以上，所以高温时叶片最易受到伤害。花卉开花结果期也易遭受高温的伤害。

高温主要是破坏了花卉光合作用和呼吸作用的平衡，使呼吸作用超过光合作用，导致植株生长衰弱，影响开花结果。高温还能促使蒸腾作用加强，破坏水分平衡，使花卉萎蔫干枯而死。此外，高温通常是和强烈光照与干旱同时发生，导致复杂的生理性病害。

干旱

干旱对花卉的危害大体上分为直接危害和间接危害两类。

直接危害是由于干旱时土壤中水分缺乏，叶片蒸腾失水后得不到补充，引起细胞脱水，直接破坏了细胞结构，造成植株死亡。这种危害一般是不可逆的。

间接危害是细胞脱水后，引起花卉体内能量代谢混乱，营养物质吸收和运输受阻，影响植株生长发育。这一过程较缓慢，通常不会导致植株死亡。干旱对花卉危害的程度因花卉种类而异，因为不同种类的花卉，抗旱性是有区别的。

涝害

花卉需要适量的水分，过多的土壤水分和过高的大气湿度，会破坏花卉体内水分的平衡，使生长发育受阻，严重时造成死亡。涝害使花卉死亡的原因有如下两点。

土壤缺氧

在淹水情况下，土壤中的空气减少，造成土壤缺氧，根系呼吸减弱，长期下去就会使花卉窒息死亡。科学实验表明，如土壤中氧气含量低于10%，这时就会抑制花卉根系呼吸，进而影响整株的生理功能。

有毒物质产生

水分过多造成土壤中氧的剧减和二氧化碳的累积，使土壤中氧化还原电势下降，因而抑制了好氧细菌的活动，促进了厌氧细菌的活跃，产生多种有机酸（甲酸、草酸、乳酸等）或产生硫化氢、甲烷等有毒物质。这些物质的积累会阻碍花卉根系的呼吸和养分的释放，使根系中毒、腐烂乃至死亡。

盐土对花卉的危害

①引起花卉生理干旱。土壤中盐类浓度过高，会使花卉体内的溶液浓度低于外部，从而使根部无法从土壤中吸取水分，正常的代谢过程遭到破坏，引起花卉生理干旱，严重时造成植株枯萎死亡。

②使植物细胞中毒。土壤中盐类浓度过高，会使花卉体内积累大量的盐类，影响花卉的代谢过程，导致含氮的中间产物积累，使细胞中毒。

③引起花卉干旱枯萎。土壤中盐类浓度过高，会导致气孔不能关闭，水分大量蒸腾，引起花卉干旱枯萎。

④影响花卉的正常营养吸收。由于钠离子的竞争，使花卉对钾、磷及其他元素的吸收减少，磷的转移也受到抑制，影响花卉的正常营养吸收，造成花卉生长不良。

⑤伤害根茎交界处的组织。干旱季节，盐类积累在表土层，会直接伤害根茎交界处的组织。

碱土对花卉的危害

碱性土壤可直接毒害花卉的根系。碱性过强的土壤，物理性质恶化，土壤结构被破坏，形成了一个透水性极差的碱化层，湿时膨胀黏重，干时坚硬板结，使花卉不能正常吸收水分，导致生长不良。

肥害

肥害主要体现为施肥过多或者肥料不足。在花卉的栽培过程中，只要把握薄肥勤施的原则，并注意施肥的时机，不要在高温或休眠期施用过多的肥料即可避免施肥过多的情况发生。相对而言，植物缺少肥料造成生长不良的情况更容易被人忽略，不易察觉。植物缺少肥料的症状可参考下表。

植物缺乏肥料元素的病症检索表

老叶病症

病症常遍布整株，
基部叶片干焦和死亡

整株深绿，常呈红或紫色，基部叶片黄色，干燥时暗绿，茎细而短

缺磷

整株浅绿，基部叶片黄色，干燥时呈褐色，茎细而短

缺氮

病症常限于局部，
基部叶片不干焦但杂色或缺绿，
叶缘杯状卷起或卷皱

叶杂色或缺绿，在叶脉间或叶尖和叶缘有坏死斑点，叶小，茎细

缺钾

叶杂色或缺绿，有时呈红色，有坏死斑点，茎细

缺镁

坏死斑点大而普遍出现于叶脉间，最后出现于叶脉，叶厚，茎细

缺锌

嫩芽病症

顶芽死亡，
嫩叶变形或坏死

顶芽仍活，但缺绿或萎蔫，无坏死斑点，或坏死斑点小

嫩叶初呈钩状，后从叶尖和叶缘向内死亡

缺钙

嫩叶萎蔫，无失绿，茎尖弱

缺铜

嫩叶不萎蔫，有失绿

坏死斑点小，叶脉仍绿 **缺锰**

无坏死斑点
叶脉仍绿 **缺铁**
叶脉失绿 **缺硫**

嫩叶基部浅绿，从叶基起枯死，叶捻曲

缺硼

健康的嫩芽

植株非生理性病害防治

花卉在生长发育过程中，因真菌、细菌危害所引起的病害叫非生理性病害，也叫作侵染性病害。

炭疽病

炭疽病是极为常见的主要病害。此病主要危害山茶、茉莉、米兰等花木。叶片受浸染后沿叶尖或叶缘出现近半圆形褐色病斑。发病后期病斑中央变成灰白色，边缘具轮纹状纹。此时病部正反两面均产生散生小黑点，病部与健全部分交界处有褐色线圈。

防治方法

① 提高环境的通风条件，清除枯枝落叶并烧毁。

② 从4月中旬开始用50%的代森锌可湿性粉剂500倍液，或50%的退菌特、多菌灵可湿性粉剂500倍液，或70%的炭疽福美、甲基托布津可湿性粉剂800～1 000倍液，交替喷洒，连续3～4次。

黑斑病

黑斑病是月季等蔷薇类植物最重要的病害之一，也是一种世界性的植物病害。月季类叶片、叶柄和花梗均可受害，主要危害叶片。发病期叶表面出现红褐色至紫褐色小点，逐渐扩大成圆形或不规则形的暗色病斑，病斑周围常带有黄晕圈，边缘呈放射状，病斑直径3～15毫米。后期病斑上散生黑色小粒点。严重时，整个植株下部乃至中部叶片全部脱落，成为光杆儿。个别枝条枯死。以6—10月发病较重。高温、干燥、通风不良、偏施氮肥、阳光不足、过度密植均易引发此病害。

防治方法

① 及时清除枯枝落叶，摘除病叶，剪去病枝，以减少浸染来源。

② 加强栽培管理，给植株创造良好的生长环境。浇水和降雨后要及时通风降湿；种植不要过密，浇水要适量，避免喷淋式浇水，忌夜间浇水；适当增施磷、钾肥，提高植株抗病性。

③ 选育和栽培适合当地种植的抗病品种。

④ 进行药剂防治。及早喷施50％多菌灵可湿性粉剂1 000倍液，或75％百菌清可湿性粉剂800倍液，或70％甲基托布津可湿性粉剂800～1 000倍液，或80％代森锌可湿性粉剂500倍液，或硫酸铜：氢氧化钙：水＝1:1:100的波尔多液。

灰霉病

灰霉病主要危害花木的叶片、花蕾、花瓣和幼茎。叶片受害，在叶缘和叶尖出现水渍状淡褐色斑点，稍凹陷，后扩大并发生腐烂。花蕾受害变褐枯死，不能正常开花。花瓣受害后变褐皱缩和腐烂。幼茎受害也变褐腐烂，造成上部枝叶枯死。在潮湿条件下，病部长满灰色霉层。病原为灰葡萄孢菌。病菌以菌丝体和菌核越冬。条件适宜时产生分生孢子。经风雨传播，从伤口侵入，或者直

接从表皮侵入。湿度大是诱发灰霉病的主要原因。此外，播种过密，植株徒长，植株上的衰败组织不及时摘除，伤口过多以及光照不足，温度偏低，均可导致该病的发生。

防治方法

① 及时清除灰霉病病害部位，防止传播。

② 于发病初期即喷药保护，药剂可选择或硫酸铜：氢氧化钙：水＝1:1:100的波尔多液，或50％甲基托布津可湿性粉剂500倍液，或50％多菌灵可湿性粉剂500倍液，或70％代森锰锌可湿性粉剂500倍液。每隔10天喷1次，连续喷3～4次。

煤污病

由于蚜虫、介壳虫等的刺吸危害，其排泄的分泌物——蜜露，在比较阴湿的条件下，易诱发煤污病。表现为叶片、树干、枝条上被有一层乌黑的煤污层，严重影响到叶片的正常光合作用，从而导致植株生长不良，不能正常孕蕾开花。

防治方法

春季出现蚜虫危害，及时用10%的吡虫啉可湿性粉剂2 000倍液喷杀；出现介壳虫危害，可用25%的扑虱灵可湿性粉剂2 000倍液喷杀；每15天用70%的甲基托布津可湿性粉剂800倍液喷洒植株1次。

细菌性穿孔病

此病对碧桃、樱花、梅花等花木的危害最严重。该病主要侵害叶片，也能浸染枝梢及果实。叶片发病时初为水渍状小斑点，后扩展成圆形、多角形或不规则形紫红色至黑褐色病斑，病斑周围呈水渍状并有黄绿色晕环。发病后期病斑干枯，边缘产生离层，病斑脱落，形成穿孔。

防治方法

① 结合冬季修剪，清除病落叶和枯枝集中烧毁。

② 发病前喷施3波美度石硫合剂；展叶后喷施65%代森锌500倍液，或硫酸铜∶氢氧化钙∶水＝1∶4∶240的硫酸锌石灰液，每10天左右喷1次，连续喷3～4次。

白绢病

在我国长江以南地区发病较重。病菌主要侵害花卉茎基部。其症状特征是发病初期茎基部出现暗褐色斑点，后逐渐沿茎秆向上下蔓延，病部皮层组织坏死，形成白色网膜状物，并可蔓延至土壤表层。在白色菌丝层上面逐渐形成许多小颗粒，初期为白色，后呈黄色，最后变成褐色似油菜籽状的菌核。由于病基部组织腐烂，养分和水分输导受阻，造成地上部生长停滞，枝叶凋萎，甚至全株枯死。

在高温潮湿的条件下，尤其是6—7月多雷雨季节白绢病最易发生。当肥水管理不当、植株营养生长不良或土壤黏重、排水不好时，白绢病均易发生。

防治方法

① 加强栽培管理，适当松土，增加土壤透气与排水。

② 发病初期，在植株基部及周围土壤中，喷洒50%代森铵1 000倍液。过7～10天后，再喷洒1次。此后再用70%甲基托布津1 000倍液，或50%多菌灵1 000倍液，施于根际土壤，以抑制病害蔓延。重病植株拔除后，可用50%代森铵500倍液或石灰粉，灌、撒病穴，对土壤进行消毒。

褐斑病

褐斑病主要危害水仙、一品红、睡莲、月季等近100种花木。常造成叶片早落，但危害较轻。染病叶片常在叶缘或脉间的叶肉组织开始发病，病斑长条形至不规则形，黄褐至黑褐色，有时病部表面长出黑色霉状物。坏死的病斑卷曲变脆，病斑上的霉点，即病原菌的分生孢子梗和分生孢子。高温高湿的条件，容易发病。一般老叶比嫩叶受害严重。

防治方法

① 加强栽培管理，及时清除病叶可有效控制病害蔓延。

② 发病期，喷施硫酸铜∶氢氧化钙∶水＝1∶1∶100的波尔多液，或50%百菌清800倍液，或甲基托布津1 000倍液。

蚜虫类

蚜虫有很强的繁殖力，每年繁殖代数因气候和营养条件等而异。一般每年繁殖10多代，最多可达20～30代。蚜虫常数百只聚集在植株的叶片、嫩茎、花蕾、顶芽上吸取大量汁液，引起植物叶片出现斑点、缩叶、卷叶、虫瘿、肿瘤等多种被害症状。同时蚜虫的排泄物为透明的黏稠液体，称为蜜露。由于蚜虫群密度大且贪食，所以，排出的蜜露极多，常可盖满花卉表面，好像涂了一层油，严重影响花卉的呼吸和光合作用。蜜露又是病菌的良好培养基，因此常易引起霉菌滋生，诱发煤污病等。此外，许多蚜虫还是病毒病的媒介昆虫。

防治方法

可用吡虫啉1 000～2 000倍液体防治，家庭盆栽若发现少量蚜虫用水冲走即可。

介壳虫类

介壳虫俗称花虱子，种类、虫态不易区分，是昆虫中一个奇特的类群。雌雄异形，雌虫无翅，头、胸、腹分界不明显；雄虫有1对膜质的前翅，后翅退化为平衡棍，不活动或不活泼。介壳虫用刺吸式口器吸食枝叶汁液，造成枝叶萎黄，乃至整枝、整株枯死。同时其蚧壳或所分泌的蜡质等物覆盖植株表面，影响呼吸和光合作用。再加上不少种类能排泄蜜露，成为真菌的培养基，易诱发煤污病。因此，介壳虫对花木危害极大。介壳虫种类繁多，据不完全统计，我国约有15科近700种。繁殖能力强，实验表明，每只吹绵介壳雌成虫一年可产卵数百至数千粒。由于绝大多数介壳虫体表常覆有介壳或被有粉状、绵状等蜡质分泌物，一般药剂很难透入虫体，因而抗药性强，给防治工作带来很大困难。正是由于上述种种原因，所以介壳虫是花卉健康生长的一大劲敌。

防治方法

需要掌握防治时机，在若虫期介壳尚未完全覆盖时防治效果最佳，可使用介杀死乳剂1 000～2 000倍液、氧化乐果1 000倍液防治。家庭盆栽发现少量介壳虫时，可用毛刷刷除，若枝条有大量虫口，可剪除枝条。

粉虱类

粉虱成虫体小、纤细，雌、雄成虫均有翅，能飞，身体和翅膀上常被有粉状物。粉虱类危害的常见花卉主要有一串红、倒挂金钟、菊花、旱金莲、万寿菊、杜鹃、夜丁香、佛手、绣球、蜀葵、一品红、月季、茉莉、扶桑、五色梅、翠菊、大丽花、紫薇、枸杞、向日葵、仙客来、牵牛花、芍药等。危害严重时，叶背面布满若虫和成虫，受害叶片多沿叶缘向背面卷曲，影响花卉正常生长发育。

防治方法

可用吡虫啉1 000～2 000倍液或氧化乐果1 000倍液防治。

螨类

螨类又称红蜘蛛。螨类虽然不是昆虫，但其对花卉造成的危害与昆虫非常相似，是影响花卉健康生长的重要害虫。螨个体很小，较难发现。危害花木最常见的是叶螨。叶螨危害叶片，使叶片出现褪绿斑点，进而枯黄和脱落，严重时使寄主死亡。

防治方法

可使用克螨特1 000倍液防治，家庭栽培虫口密度不大，可用自来水冲刷。

食叶害虫

此类害虫的种类较多，食性很杂，若不及时处理，则会严重影响花卉的生长和观赏效果。常见的食叶害虫主要有蛾类、金龟子类等。蛾类主要以幼虫危害为重，金龟子类幼虫、成虫均会危害花木。

防治方法

清理周边环境，消灭在落叶、枯草、树干及根部越冬的害虫。虫害大量发生时，可使用敌敌畏、美曲膦酯、甲胺磷等农药喷施。

蛀干害虫

此类害虫对植物危害甚大，常见的有天牛类、透翅蛾类、木蠹蛾类等。其以幼虫危害植物的茎干或树皮，使枝干枯折、叶片萎蔫，甚至整株死亡。

防治方法

在成虫产卵期或幼虫初孵期（多在6—9月），以杀螟松1 000倍液防治。若有少量幼虫蛀入茎干，通常可在树干基部发现大量木屑。可使用针筒将敌敌畏20～50倍液注入虫孔，并用泥土或者棉团堵住虫孔。

栽培篇

让观花植物花团锦簇

郁金香

科属：百合科郁金香属
别名：洋荷花、草麝香

Tulipa gesneriana

　　郁金香原产于地中海沿岸、小亚细亚、土耳其等地，现全世界广泛栽培。园艺品种繁多，我国南北各地均有栽培。喜温和凉爽的半阴环境；耐寒，不耐热；喜水湿，不耐旱。喜疏松透气、富含腐殖质的近中性土壤，忌土壤黏重、排水不畅。

繁殖方法

　　常用分球繁殖，以分离小鳞茎法为主。秋季9—10月分栽小球。于6月上旬将休眠鳞茎挖起、去泥，贮藏于干燥、通风环境，温度保持在20～22℃的条件下，有利于鳞茎花芽分化。花卉市场购买的郁金香球根第二年很难复花，需要重新购买。

花卉诊治

　　主要病害有腐烂病、菌核病、病毒病等。发现病株及时拔除、烧毁，并用80%代森锰锌溶液或甲基托布津1 000倍液喷洒2～3次，可达到防治效果。虫害有刺足根螨、蓟马、根虱等，可在土壤中施入氧化乐果、地敌克固体颗粒，结合土壤深翻，拌入土壤，达到杀虫的效果。

—— 养花之道 ——

　　地栽要求排水良好的沙质壤土，pH值6.6～7，深耕整地，以腐熟牛粪及腐叶土等作基肥，并施少量磷、钾肥，作畦栽植，栽植深度10～12厘米。

　　一般于出苗后、花蕾形成期及开花后进行追肥。冬季鳞茎生根，春季开花前，追肥2次。

　　3月底至4月初开花，6月初地上部叶片枯黄进入休眠。

　　生长过程中一般不必浇水，保持土壤湿润即可，天旱时适当浇水。

摆放布置

　　郁金香株形挺拔，品种繁多，花色娇艳，观赏价值较高，为世界著名球根花卉。郁金香最宜布置春季主题花展，亦可栽培于庭院花园。水培植株可置于书房、窗台、案头观赏，作鲜切花常用于制作礼品花束用。

郁金香为多年生球根草本。鳞茎扁圆锥形。茎、叶光滑，叶带状披针形，全缘并呈波状，顶端常有少数毛。花单生茎顶，杯状，有红、黄、白、橙、紫、粉及复色变化，还有条纹和重瓣品种。白天开放，夜晚闭合。花期3—5月。

风信子

科属：百合科风信子属
别名：五色水仙、洋水仙

Hyacinthus orientalis

　　风信子原产于南欧及安纳托利亚一带，我国南北各地均有栽培，均为园艺种。喜温和凉爽的半阴环境；耐寒，不耐热；喜水湿，不耐旱。喜疏松透气、富含腐殖质的近中性土壤，忌土壤黏重、排水不畅。

繁殖方法

　　以分球繁殖为主，育种时用种子繁殖，也可用鳞茎繁殖。母球栽植1年后分生1~2个子球，也有个别品种可分生10个以上子球，可用于分球繁殖，子球繁殖需3年开花。种子繁殖，秋播，翌年2月才发芽，实生苗培养4~5年后开花。

花卉诊治

　　风信子常见的病害有生芽腐烂、软腐病、菌核病和病毒病。种植前基质严格消毒，种球精选并作消毒处理，生长期间每7天喷1次退菌特或百菌清1 000倍液，交替使用，可以在一定程度上抑制病菌的传播。

养花之道

　　盆栽时选择排水良好、疏松肥沃的近中性土壤，并施足基肥；一般土壤温度到9℃时开始栽培，北方可10月份，而华南大约11月中旬开始种植，最利于生根。

　　水养时可在12月份将种球放在阔口有格的玻璃瓶内，加入少许木炭以帮助消毒和防腐。

　　其种球仅浸至球底便可。然后放置到半阴处，利于生根。

摆放布置

　　风信子花序繁茂，花色繁多，株形秀雅，是著名早春庭院观赏花卉，我国多用于布置早春主题花展，家庭盆栽或水培植株可置于案头、窗台观赏。

多年生草本。鳞茎球形或扁球形。叶基生，叶片肥厚，带状披针形。花茎从叶茎中央抽出，略高于叶，总状花序，漏斗形，小花基部筒状，上部四裂、反卷。花有红、白、黄、蓝、紫等色，有重瓣品种，具芳香。花期3—4月，蒴果球形。

39

葡萄风信子

科属：百合科蓝壶花属
别名：蓝壶花、葡萄百合

Muscari botryoides

葡萄风信子原产于欧洲中部和南部，我国南北各地均有栽培。喜温和凉爽的半阴环境；较耐寒，不耐炎热；忌土壤黏重、排水不畅。栽培宜选择疏松透气、富含腐殖质的近中性土壤。

繁殖方法

一般采用播种或分植小鳞茎繁殖。种子采收后，可在秋季露地直播，次年4月发芽，实生苗3年后开花。分植鳞茎可于夏季叶片枯萎后进行，秋季生根，入冬前长出叶片。

花卉诊治

葡萄风信子病虫害少，病害偶有软腐病、病毒病，可通过种植前基质严格消毒，种球清选并作消毒处理，生长期间每7天喷1次退菌特或百菌清1 000倍液，交替使用，在一定程度上抑制病菌的传播。

—— 养花之道 ——

喜光亦耐半阴，栽培时可选用国外进口鳞茎于秋冬栽培，土质以腐叶土或沙壤土为佳，栽植后保持培土湿度，待长出叶片后，可施用氮、磷、钾稀释液以促进发育。

摆放布置

葡萄风信子株丛低矮，花色明丽，花期长，是早春观花佳品。常作疏林下的地被或用于花径和草坪的成片、成带与镶边种植，也用于岩石园作点缀丛植。家庭盆栽可置于窗台、阳台、书案等处，亦有良好的观赏效果。

多年生草本，株高15～40厘米。鳞茎卵圆形，皮膜白色。叶基生，线形，稍肉质，暗绿色，边缘常内卷。花茎自叶丛中抽出，总状花序，小花多数密生而下垂，花蓝色或顶端白色，并有白色、肉色、淡蓝色和重瓣品种。花期3—5月，蒴果。

杂交百合类

科属：百合科百合属

别名：番韭、山丹、百合蒜

Lilium spp.

杂交百合类为园艺栽培品种类群。性喜温暖湿润与阳光充足环境，耐半阴，较耐寒。忌土壤黏重积水，栽培需深厚肥沃、富含腐殖质且排水性良好的沙质中性土壤。

繁殖方法

繁殖方法主要是鳞片繁殖。

鳞片繁殖可在秋季，选健壮无病、肥大的鳞片在1：500的苯菌灵或克菌丹水溶液中浸30分钟消毒，取出后阴干，基部向下，将 1/3～2/3鳞片插入有肥沃沙壤土的苗床中。约20天后，鳞片下端切口处便会形成1～2个小鳞茎。

—— 养花之道 ——

盆栽杂交百合花需选用深厚肥沃、排水良好的沙质中性壤土。

生长期要保持土壤湿润，杂交百合较喜肥，生长前期适当施用氮肥，开花前增施过磷酸钙肥料，钙肥可保花葶直立粗壮，不弯曲。

花后将残叶剪除，把盆里的球根挖出另用沙堆埋藏，经常保湿勿晒，翌年仍可再种1次，并可望花开二度。

花卉诊治

常见病害有鳞茎腐烂病、斑点病、叶枯病等。以鳞茎腐烂病最为严重，种植前需要将种球置于百菌清与多菌灵1 000倍混合液浸泡15 ～ 30分钟，晾干后种植；此外土壤黏重会加重鳞茎病害，需保证盆土疏松透气、不积水。虫害主要为地老虎、蝼蛄等地下害虫，可用敌敌畏500～600倍液浇灌根部防治。

摆放布置

花叶片青翠娟秀，茎干亭亭玉立；品种繁多、花色丰富、花姿雅致、花香四溢，是名贵的观赏花卉。盆栽可摆放阳台、庭院、花园观赏；因植株高大，是世界主流鲜切花材料，常用于制作花束、花环等。

多年生球根草本花卉，茎直立，不分枝，草绿色。地下具鳞茎，鳞茎由阔卵形或披针形的白色或淡黄色肉质鳞片抱合成球形，外有膜质层。多数须根生于球基部。单叶，互生，狭线形，无叶柄，直接包生于茎秆上，叶脉平行。花大，多单生或数朵生于茎顶；花色各异，呈白色、黄色、橙色、粉红色等，花期6—7月。

萱草

科属：百合科萱草属
别名：黄花、忘忧草

Hemerocallis fulva

　　萱草原产于我国南部，现全国各地广泛栽培。日本及欧洲南部也有分布。喜温暖潮湿环境，耐寒、耐旱、耐半阴。对土壤要求不严，以富含腐殖质及排水良好的土壤为佳。生长适温18～28℃。

繁殖方法

　　萱草以分株繁殖为主。春秋季节挖取完整饱满植株，通常3～5株一丛，每丛带2～3个芽分栽即可。若春季进行分株，夏季就可开花。

花卉诊治

　　萱草易受锈病危害，可通过加强栽培管理，保持栽培场所通风透光，避免栽植在低洼潮湿的地段，并注意少施氮肥来预防锈病。发病后可施用粉锈宁1 000倍液防治。

——养花之道——

　　生长期保持土壤湿润，每2～3周施追肥1次。

　　夏季开花前适当增施磷钾肥，入冬前施1次腐熟有机肥，即可使植株长势旺盛，花开繁茂。

　　盆栽定植3～5年可分株换盆。养护管理粗放。

摆放布置

　　萱草花色鲜艳，栽培容易，且春季萌发早，绿叶成丛，极为美观。园林中多丛植或于花径、路旁栽植，也适合庭院及盆栽观赏。

多年生宿根草本。全株光滑无毛，根茎短，有肉质的纤维根，叶自根基丛生，狭长成线形，叶脉平行，主脉明显，基部交互裹抱。花葶由叶丛抽出，上部分枝，圆锥花序，数朵花生于顶端，花橙黄色。蒴果，种子黑色。花期6—7月。

仙客来

科属：报春花科仙客来属
别名：兔耳花、一品冠、萝卜海棠

Cyclamen persicum

　　仙客来原产于地中海沿岸东南部，我国各地城市栽培较多。喜阳光充足、阴凉和湿润气候。生长适温10～20℃，30℃以上植株将停止生长进入休眠，35℃以上植株易腐烂、死亡。适生于疏松、肥沃、排水好的酸性土壤。

繁殖方法

繁殖以播种为主，也可分割块茎和组织培养。

播种繁殖以9月上旬为宜，采用浅盆点播，株行距1.5～2厘米，基质可用腐叶土、河沙、经腐熟过的锯木屑和少量田土混合，播后盖上玻璃保温。在16～20℃的适温下，30～40天即可出苗。

花卉诊治

灰霉病危害，应及时通风降低空气湿度，摘除病叶，减少传染源，同时喷施代森锌、多菌灵等广谱性杀菌剂。软腐病可喷施农用链霉素或多菌灵等防治。

——养花之道——

小苗长至3～5片叶子，可移植入花盆种植，球茎顶端要露出土面，并浇透水。待恢复后，每周施氮肥1次。随着气温升高，要适当遮阴，注意温度湿度控制。

9月份开始施磷钾肥，以促进开花。至第2年5月份，植株会逐渐枯萎黄化进入休眠，可将其放于阴凉通风处，减少浇水，保持盆土不过分干燥，根系和球茎不干瘪。

至立秋后，气温凉爽，对花盆稍微浇水，维持盆土湿润，当新芽开始萌发生长时，重新换土上盆，又进入正常的养护。

摆放布置

仙客来株形美观，花形别致，花盛色艳，是冬春季节优美而名贵的盆花。可置于室内布置，摆放花架、案头；点缀会议室和餐厅均宜；亦可无土栽培观赏。

多年生球根草本，块茎扁球形。叶心形，叶面绿色，有白色斑纹，叶背紫红色，叶缘锯齿状。花单生，下垂，花瓣向上直立翻起。花色丰富多样，色彩缤纷。果实球形，种子褐色。花期从当年11月到翌年3月。

德国报春

科属：报春花科报春花属
别名：欧洲报春、西洋樱草

Primula vulgaris

德国报春原产于欧洲至西伯利亚，现我国栽培广泛。性喜凉爽，耐潮湿，不耐高温和暴晒，喜疏松肥沃、排水良好的酸性土壤。生长最适温度15～25℃，越冬温度在5℃以上。

多年生草本，常作一二年生栽培。株高约20厘米。叶基生，长椭圆形，叶脉深四。伞状花序，花色有大红、粉红、紫色、蓝色、黄色、橙色、白色等颜色，一般花心为黄色。花期1~2月。

繁殖方法

播种繁殖。种子细小且容易丧失发芽力，应随采随播，播种期一般在8—9月，播后可不覆土。种子的发芽适温为15~21℃，超过25℃则发芽率下降。在适宜的温度、适量的水分和通风良好的条件下，20~30天出苗。

花卉诊治

常发生叶斑病、灰霉病和炭疽病危害叶片和幼苗，可用65%代森锌可湿性粉剂500倍液喷洒。虫害有蚜虫和红蜘蛛危害，蚜虫用2.5%鱼腾精乳油1 000倍液喷杀。红蜘蛛发生初期用20%三氯杀螨砜可湿性粉剂1 000倍液喷杀。

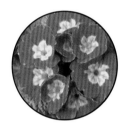 

—— 养花之道 ——

出苗后植株长至5~6片叶子时，移入盆内培养。缓苗后每周追腐肥的液肥1次。在开花季节每周施1次稀薄液肥，并应保持土壤潮湿，延长花期观赏时间。

花后将植株放在阴凉处，注意通风，防止雨淋，减少浇水量，炎热时向地面洒水，可安全越夏。

冬季应控制浇水量，过湿会引起根腐。

摆放布置

德国报春花色丰富，颜色鲜艳，花期长且恰逢元旦、春节，可作中小型盆栽。在室内放置于茶几、书桌等处观赏，亦可布置色块或作早春花坛等用。

长春花

科属：夹竹桃科长春花属
别名：四时春、日日新、日日春

Catharanthus roseus

　　长春花原产于非洲东部。中国栽培长春花的历史不长，主要分布在华南、西南及华东南部。喜温暖湿润气候，喜光，耐半阴；不耐寒，低于0℃会受冻害；耐旱，忌湿怕涝。对土壤要求不严，以排水良好、通风透气的沙质或富含腐殖质的土壤为好。

繁殖方法

　　长春花以播种繁殖为主。

　　播种通常在3—5月，多作一年生栽培。为提早开花，可在早春温室播种育苗，处于20℃环境，春暖移至露地培育。

花卉诊治

　　成株病虫害少，但苗期的病害有猝倒病、灰霉病等，可每周施用百菌清800倍液或甲基托布津1 000倍液防治，连续2~3周。

—— 养花之道 ——

　　栽培选用疏松透气的基质，春季生长期适当保持土壤湿润，雨季注意排涝。

　　生长期做好摘心工作，可促进分枝和控制花期。

　　由于其花期长，开花不断，故花前至花期每隔10~15天施用磷钾肥1次。

摆放布置

　　长春花花色繁多，花期长，适宜布置花坛、花槽，装饰窗台、阳台，点缀于庭院观赏，在温暖地区可露地片植为林下地被。

亚灌木，略有分枝，高达60厘米。叶全缘，倒卵状长圆形。聚伞花序腋生或顶生，有花2～3朵；品种众多，花色有红色、白色、粉红色等。花期5—9月。

昙花

科属：仙人掌科昙花属

别名：月下美人

Epiphyllum oxypetalum

　　昙花原产于美洲及南非。喜温暖湿润气候，喜光，不耐阴；不耐寒，低于5℃即会受到寒害；喜肥，忌土壤贫瘠与排水不畅。栽培宜选择深厚肥沃、排水顺畅的沙质壤土。

繁殖方法

　　扦插变态茎繁殖，扦插基质可以选用2份草炭土和1份粗沙、1份炉渣的混合土。

花卉诊治

　　夏季常发生茎腐病、褐斑病，可用40%百菌清可湿性粉剂1 000倍液或50%多菌灵可湿性粉剂1 000倍液喷洒，连续使用2～3次。在通风差的栽培环境，易受蚜虫、介壳虫和红蜘蛛危害，可用50%杀螟松乳油1 000倍液喷杀。

—— 养花之道 ——

　　喜疏松、肥沃、排水良好的土壤，盆栽常用排水良好、肥沃的腐叶土，盆土不宜太湿，夏季保持较高的空气湿度。避免阵雨冲淋，以免浸泡烂根。

　　生长期每半月施肥1次，初夏现蕾、开花期，增施磷肥1次。肥水施用合理，能延长花期。

摆放布置

　　昙花枝叶翠绿，颇为潇洒，每逢夏秋夜深人静时，展现美姿秀色。此时，清香四溢，光彩夺目。盆栽适于点缀客室、阳台和接待厅。在华南可地栽，若栽培于棚架，花开时令，甚为壮观。

附生肉质灌木，枝蔓长2～6米，老茎木质化。分枝叶状，侧扁，披针形至长圆状披针形，先端长渐尖至急尖或圆形，边缘波状或具深圆齿，基部急尖、短渐尖或渐狭成柄状。花单生，漏斗状，夜间开放，具芳香。浆果，花期夏秋，果期秋冬。

令箭荷花

科属：仙人掌科令箭荷花属

别名：荷花令箭、孔雀仙人掌

Nopalxochia ackermannii

令箭荷花原产于北美洲墨西哥。喜温暖湿润气候，喜光，不耐阴；不耐寒，低于5℃即会受到寒害；喜肥，忌土壤贫瘠与排水不畅。栽培宜选择深厚肥沃、排水顺畅的沙质壤土。

繁殖方法

主要有扦插、嫁接和分株繁殖。嫁接时砧木可选仙人掌，在砧木上用刀切开个楔形口，再取6~8厘米长的健康令箭荷花茎片作接穗，在接穗两面各削一刀，露出茎髓，使之成楔形，随即插入砧木裂口内，用麻皮绑扎好，置于阴凉处。大约10天，即可长合，除去麻皮，进行正常养护。

花卉诊治

常发生茎腐病、褐斑病和根结线虫危害，可用50%多菌灵可湿性粉剂1 000倍液喷洒，用80%二溴氯丙烷乳油1 000倍液浇灌防治根结线虫。

—— 养花之道 ——

令箭荷花变态茎柔软，须及时用细竹竿作支柱，最好扎成椭圆形支架，将变态茎整齐均匀地分布在支架上加以捆绑。

现蕾后则不宜多施追肥，否则容易造成营养过剩，抑制植株开花。

摆放布置

令箭荷花花形奇特，花色艳丽，在盛夏时节开花，且花香袭人，为色彩、姿态、香气俱佳的室内优良盆花。可用来点缀阳台、露台或屋顶花园，亦可置于窗前、门廊等处。

多年生草本植物，高约50厘米，多分枝。茎扁平，披针形，形似令箭。中脉明显突起。花大美丽，直径10～30厘米，不同品种差别较大。花外层鲜红色，内面洋红色，盛开于4～5月份。花被开张，反卷，花丝及花柱均弯曲，花形尤为美丽。浆果，成熟时红色。

蟹爪兰

科属：仙人掌科蟹爪兰属
别名：蟹爪莲、蟹爪、锦上添花

Zygocactus truncatus

蟹爪兰原产于巴西，生于巴西东部热带森林中，附生于树干上或较庇荫的山谷中。喜高温湿润气候，喜光，不耐荫蔽；不耐寒，低于5℃即会受到寒害；喜肥，忌土壤贫瘠与排水不畅。栽培宜选择深厚肥沃、排水顺畅的沙质壤土。

繁殖方法

扦插繁殖，在早春或晚秋，剪下叶片或茎秆（要带3~4个叶节），待伤口晾干后插入基质中，把插穗和基质稍加喷湿。在晚春至早秋气温较高时，插穗极易腐烂，最好不进行扦插。

花卉诊治

蟹爪兰常发生炭疽病、腐烂病和叶枯病危害叶状茎，特别在高温高湿情况下，发病严重。发病严重的植株应拔除集中烧毁。病害发生初期，用50%多菌灵可湿性粉剂500倍液喷洒叶面。

—— 养花之道 ——

夏季放在半阴处养护，或者遮阴50%时，叶色会更加漂亮。

在春秋两季，由于温度不是很高，就要让它接受阳光直射，以利于进行光合作用积累养分。

土壤应保持"见干见湿"，过湿容易导致植株生长受抑制，甚至出现烂根现象。

摆放布置

蟹爪兰花色艳丽，加上独特的园艺加工，置于门庭入口处和展览大厅装饰，顿时满室生辉，美胜锦帷。特别是垂挂的吊盆，反卷的花朵，鲜艳可爱，是极好的室内装饰植物。

附生小灌木。叶状茎扁平多节，肥厚，卵圆形，鲜绿色，先端截形，边缘具粗锯齿。花着生于茎的顶端，花被开张反卷，花色有淡紫、黄、红、纯白、粉红、橙和双色等。花期从9月至翌年4月。

朱槿

科属：锦葵科木槿属
别名：扶桑、佛桑、木牡丹

Hibiscus rosa-sinensis

朱槿原产于我国南部，现世界各地栽培广泛。喜温暖湿润与阳光充足的环境，稍耐阴；不耐寒，低于0℃会受冻害；较耐旱。喜深厚肥沃、富含腐殖质的沙质壤土。

繁殖方法

以扦插繁殖为主。2—3月在温室内结合修剪整枝进行，6—7月则可在室外进行扦插。

插后宜庇荫，并盖塑料薄膜保持湿度。在18～25℃的温度和70%～80%的相对湿度下，约经1个月可生根。

花卉诊治

常发生叶斑病、炭疽病和煤污病，可用70%甲基托布津可湿性粉剂1 000倍液喷洒。虫害有蚜虫、红蜘蛛、刺蛾危害，可用10%除虫精乳油2 000倍液喷杀。

— 养花之道 —

盆栽朱槿需保持土壤湿润，过干或过湿都会影响开花。

需肥量大，每1～2周施肥1次，秋季后停止施肥，以免诱发秋梢，招致冬季冻害。

朱槿不耐霜冻，在北方霜降后至立冬前必须移入室内保暖。

越冬温度要求不低于5℃，留意盆土干湿变化，适当浇水。但需要停止施肥。

摆放布置

朱槿花色鲜艳，花大形美。品种繁多，是花市常见的观赏花木。可盆栽观赏，园林中常配置于公园草坪、小区庭院等处。

　落叶或常绿灌木。一般盆栽高约1米。茎直立而多分枝。叶互生，阔卵形，边缘有粗齿，基部全缘，形似桑叶。花大，单生于上部叶腋间，有单瓣、重瓣之分。花色为黄、橙、粉、白等。花期几乎可达全年，夏秋最盛。

杂交铁线莲类

Clematis sp.

科属：毛茛科铁线莲属
别名：大花铁线莲

　　杂交铁线莲类是以原产于我国的扬子铁线莲（*Clematis ganpiniana*）、转子莲（*Clematis patens*）、大花威灵仙（*Clematis courtoisii*）等大花形铁线莲属植物为主要母本，繁育的一类铁线莲园艺品种。喜温暖湿润与阳光充足的环境，喜光，较耐寒，可耐-20℃低温；忌积水；喜深厚肥沃、排水良好的壤土，忌土壤黏重与保水性不强。

繁殖方法

　　压条、分株或扦插繁殖均可。杂交铁线莲栽培变种以扦插为主要繁殖方法，以保证品质的优越性，一般在7~8月份进行。

花卉诊治

　　病害主要有粉霉病（为害叶或花）、病毒病（叶部有黄斑，花畸形）等，用百菌清1 000倍液及10%抗菌剂401醋酸溶液1 000倍液喷洒防治。虫害有红蜘蛛、刺蛾危害，用50%杀螟松乳油1 000倍液喷杀。

—— 养花之道 ——

　　栽培铁线莲，应特别注意土壤的排水性能，在排水不良的黏土或轻沙土中，穴底掘松后要混合泥炭土或腐殖质，提高土壤排水性。

　　在可能积水处，底部要用石块或瓦砾垫高。

　　生长期注意保持土壤湿润，花前增施磷钾肥，有利于花繁叶茂。

　　花后适当修剪花序，冬季剪去细弱枝、病虫枝。

摆放布置

　　铁线莲枝叶扶疏，有的花大色艳，有的由很多小花聚集成大型花序，风趣独特，是攀缘绿化中不可缺少的良好材料，被誉为"藤本皇后"。可种植于墙边、窗前，依附于乔木、灌木之旁，配植于假山、岩石之间，或攀附于花柱、花门、篱笆之上，也可盆栽观赏，少数种类适宜作地被植物。

多年生草本或木质藤本。蔓茎瘦长，达4米许，富韧性，全体有稀疏短毛。叶对生，有柄，单叶或一或二回三出复叶，花单生或圆锥花序。雄蕊多数，常常变态，花丝扁平扩大，暗紫色；雌蕊亦多数，花柱上有丝状毛或无毛；花色多变，有红色、黄色、紫色、白色等品种。瘦果聚集成头状并具有长尾毛。花期5—6月。

一品红

科属：大戟科大戟属
别名：猩猩木、象牙红、圣诞花

Euphorbia pulcherrima

　　一品红原产于墨西哥及美洲热带地区。性喜温暖、阳光充足的环境，需透气性强、排水好的肥沃疏松土壤。

繁殖方法

　　扦插繁殖为主。

　　多在春季3—5月进行，剪取一年生木质化或半木质化枝条，长约10厘米，作插穗；剪除插穗上的叶片，切口蘸上草木灰，待晾干切口后插入细沙中，深度约5厘米，保持适当的温度和湿度，约1个月生根。

花卉诊治

　　病害主要有叶斑病、灰霉病和茎腐病，用70%甲基托布津可湿性粉剂1 000倍液喷洒。虫害有介壳虫、粉虱危害，可用40%的氧化乐果乳油1 000倍液喷杀。

—— 养花之道 ——

　　一品红在5—9月需充分接受光照，保持土壤湿润，夏季、秋季摘心2～3次，疏除弱枝，月施液肥1次，使植株得到充分的生长。

　　通常在花芽分化前2周，对植株补充氮磷钾肥，可促进开花。越冬温度不低于5℃。

摆放布置

　　一品红自然花期正值圣诞节和元旦，且花期长，苞片颜色红艳夺目，是节日主流年宵花。可装饰酒店宾馆、广场入口，可增添热烈欢乐的喜庆气氛；家庭盆栽可置于阳台、窗台等处观赏。注意其枝叶有毒，勿让儿童玩折接触。

落叶灌木。根圆柱状，分枝多，株高1~4米。叶互生，卵状椭圆形、长椭圆形或披针形，先端渐尖或急尖，基部楔形或渐狭，绿色，边缘全缘或浅裂或波状浅裂。苞叶5~7枚，有红色、黄色、白色、粉色及复色等颜色。花序聚伞排列于枝顶，总苞坛状。蒴果，花果期10月至次年4月。

铁海棠

科属：大戟科大戟属

别名：虎刺梅、虎刺、麒麟花

Euphorbia milii

　　铁海棠原产于非洲热带地区，现世界各地栽培广泛。我国亚热带地区的广东、广西等地可以露地栽植，其他各地需温室保护盆栽。性喜温暖及阳光充足的环境，耐干旱。不耐寒，冬季温度保持在10℃以上，才可安全越冬。

繁殖方法

采用扦插繁殖。5—7月，剪取尖端枝条约10厘米为插穗，剪口处流有白浆乳汁，应清洗或干燥，再蘸以少量草木炭防腐消毒，插于配制好的土壤中，插后置于温暖处，忌浇水过勤，以保持土壤略湿即可。50~60天后生根，成活后可继续培养至来年春天再分盆定植。

花卉诊治

在高温强光环境中，易发生茎枯病和腐烂病，用50%克菌丹800倍液，每月喷洒1次。虫害有白粉虱和介壳虫的侵害，用50%杀螟松乳油1 500倍液喷杀。

—— 养花之道 ——

栽培土壤以疏松、肥沃、透水性强为宜。可用园土、河沙、腐叶土各等份，另加腐熟粪肥一成混合过筛后使用。

平日养护要控制水量，应以盆土处于半干状态为准，生长期间应每周施稀薄液肥1次，促使苗壮成长。

室内越冬时，室温不能低于8℃。

摆放布置

虎刺梅栽培容易，花期长，红色苞片，鲜艳夺目，是深受青睐的盆栽植物。小型盆栽可摆放在案头、书桌、窗台等处观赏；大型盆栽可摆放在宾馆、商场等公共场所。园林中可配植于建筑物角隅、林缘等处，亦可作刺篱。

常绿亚灌木，株高可达一米。茎肉质肥大，多棱，有硬刺。叶互生，通常集中在嫩枝上，倒卵形或矩圆状匙形，黄绿色。聚伞花序，生于枝顶，总苞鲜红，阔卵形或肾形，一年四季都能开花。

龙船花

科属：茜草科龙船花属
别名：英丹、木绣球、山丹

Ixora chinensis

龙船花原产于我国南部地区和马来西亚。现广泛分布于我国华南、西南、华东南部各地区。性喜温暖湿润气候，要求疏松肥沃、排水良好的酸性土。不耐寒，华北地区冬季只能移入温度不低于5 ℃的温室越冬。

繁殖方法

以扦插为主。可于每年的3—4月选用两年生且已木质化的枝条，剪成15厘米长，插入经过消毒的沙土内，置于遮阴处，并用塑料布遮盖保湿。每天喷1次水，保持湿度在70%左右，扦插后35天左右即可生根。待插条长出新芽后使其逐渐接受光照，60天后可移苗上盆，进入正常管理。

花卉诊治

病害主要是炭疽病和煤污病，如有发生，除加强通风和水肥管理外，可喷施多菌灵800倍液进行防治。虫害有介壳虫、红蜘蛛和蚜虫，如有发生，数量较少时可人工捕杀，数量较多时用40%氧化乐果乳油1 000倍液喷杀。

养花之道

龙船花生长适温20～30℃。

盆栽植株于每年春季翻盆，并对其进行修剪。

盆土要求含腐殖质丰富，疏松肥沃，且排水良好的中性至微酸性沙质壤土。

夏季适当遮阴，避免强烈的直射阳光暴晒，其他季节则应放在阳光充足处养护。

生长期要经常浇水，以保持土壤和空气湿润，但盆土不能长期积水。

在生长旺盛期每2～3周施1次薄肥，并经常摘心，以促其多分枝，多开花。

冬季减少浇水，置于室内5～10℃的阴凉处，使植株稍休眠。

摆放布置

龙船花枝叶繁茂，花序红艳，我国华南庭院中露地栽培，可片植林缘或丛植于山石、亭廊角隅。华北常盆栽，可摆放于窗台、阳台观赏。

　常绿小灌木，株高0.5～2米。小枝深棕色。叶对生，薄革质，椭圆形或倒卵形，先端急尖，基部楔形，全缘，主脉两面突出。聚伞花序顶生，花冠高脚蝶状，红色。浆果近球形，成熟时黑红色。花期全年。

君子兰

科属：石蒜科君子兰属

别名：大花君子兰、大叶石蒜

Clivia miniata

君子兰原产于南非，我国各地室内均有栽培。喜半阴及湿润通风环境，怕冷畏热，生长适温在20~25℃之间。适生于深厚、肥沃、疏松的酸性土壤。

繁殖方法

分株繁殖，待长至6~7片叶结合春季换盆，将母株周围的子株取出。伤口消毒后分别栽培形成新植株。播种繁殖以春季为好，发芽适温20~25℃，播后50天长出第1片叶子，3个月幼苗可移栽上盆，栽培4~5年才能开花。

花卉诊治

常见虫害为介壳虫，主要危害叶片，可用肥皂水擦洗，在虫爬出蜡壳时，可喷加1 000~1 500倍的敌敌畏。病害有根腐病（根茎处腐烂）、褐斑病（叶背生黄斑）等，是由通风不良和施肥含水量过大引起的，可用1 500~2 000倍的托布津喷治。

摆放布置

君子兰株形美观大方、清秀高雅，花朵仪态雍容、色彩绚丽，陈列室内既能观花又能观叶，常用于装饰门庭、客厅、书房等处。

—— 养花之道 ——

一般每2~3年需换1次盆，可在春秋季进行。换盆后不要马上浇水，以免伤口感染腐烂。

每年春秋两季均可追施稀肥水，但勿使肥液贱到叶片上，以免烂叶。

浇水应遵循"见干见湿，浇则浇透"原则。

夏季避免太阳直射，冬季可适当补充光照。

一般种植3年后可开花。

　多年生常绿草本，株高30～50厘米。假鳞茎短而粗。叶片扁平带状，光亮、常绿。伞状花序生于花葶顶部，小花漏斗形，花橘红色。浆果，圆形，成熟后红色，花期冬季及春季，果期为春季、夏季。

金铃花

科属：锦葵科苘麻属

别名：纹瓣悬铃花、网花苘麻

Abutilon pictum

　　金铃花原产于南美洲的巴西、乌拉圭等地。中国华东南部、华南、西南等地区可露地栽培，在北方常为温室栽培植物。喜温暖湿润与阳光充足的环境，稍耐阴；不耐寒，低于0℃会受冻害；较耐旱，耐瘠薄。栽培以湿润肥沃、排水良好的微酸性土壤较好。

繁殖方法

　　可用扦插法繁殖。6—8月进行扦插。以1~2年生健壮枝或当年生半木质化的嫩枝作插穗，长10~12厘米，去掉下部叶，插入土中1/2或1/3深，保持湿润，20天左右可生根。

花卉诊治

　　病虫害极少，抗逆性强，偶有蚜虫危害，施用吡虫啉2 000倍液防治即可。

—— 养花之道 ——

　　生长期保持土壤湿润，过干过湿均影响成花。

　　对幼龄植株可作顶梢修剪，以改善光照条件，增加侧枝，扩大树冠，促进开花。

　　较喜肥，生长旺盛，易徒长，故以复合肥料为主，不可偏施氮肥；开花前至开花期每10~15天施用磷钾肥1次，可保花繁叶茂。

　　冬季北方需移至室内栽培，保持土壤湿润，适当向叶面喷水即可。

摆放布置

　　金铃花株形饱满，花形奇特，在华南花期几乎可达全年，适合配植于公园草坪、建筑角隅、小区等处观赏，北方盆栽可摆放阳台、露台观赏。

常绿灌木，高达1米。叶掌状，3～5深裂；叶柄长3～6厘米。花单生于叶腋，花梗下垂，长7～10厘米；花钟形，橘黄色，具紫色条纹，长3～5厘米，直径约3厘米。花期5—10月。

巴西野牡丹

科属：野牡丹科蒂牡花属
别名：巴西蒂牡花

Tibouchina semidecandra

巴西野牡丹原产于巴西，近些年我国常见盆栽观赏。性喜高温湿润的半阴环境，忌阳光直射；不耐寒，低于0℃会受冻害；较耐旱，喜疏松肥沃的酸性土壤。

繁殖方法

主要采用扦插法繁殖，春秋两季均可进行，春季扦插效果最好，成活率最高。剪取生长健壮的嫩枝，扦插于苗床之中，苗床土壤需微酸性，保持80%～90%的湿度，适当遮阴，约30天可生根。

花卉诊治

本种抗逆性强，栽培中几乎无病虫害，但喜酸性土壤，需要注意缺铁黄化病的发生；缺铁时可使用硫酸亚铁液态肥，每15～20天喷施1次，连续3～4次。

—— 养花之道 ——

栽培宜选用深厚肥沃的酸性土壤，春夏生长期适当浇水，每月施磷钾肥1～2次。

除冬季外，一年三季开花不断，花后及时摘除残花，并注意追肥可保开花不断。

北方地区盆栽，需注意定期施用硫酸亚铁液体，可防止缺铁黄化。

摆放布置

巴西野牡丹株形整齐，花繁叶茂，花期长，观花期可达10个月，且耐阴能力强，是极佳的室内盆栽花卉。可盆栽置于阳台、客厅、窗台，亦可地栽于花坛、庭院等处，园林中可片植于林下作地被。

常绿小灌木，株高0.5~1.5米。叶对生，长椭圆形至披针形，叶面具细茸毛，全缘，3~5出分脉；先端渐尖，基部楔形。花大型顶生，蓝紫色。蒴果杯状球形。花期春、夏、秋三季，主要集中在夏季。

叶子花

科属：紫茉莉科叶子花属

别名：九重葛、毛宝巾、三角花

Bougainvillea spectabilis

叶子花原产于热带美洲。性喜温暖湿润和阳光充足的环境，不耐阴，荫庇处不能开花；不耐寒，低于5℃即会受寒害；较耐旱；不耐贫瘠，喜深厚肥沃的沙质壤土。

繁殖方法

常用扦插繁殖，育苗容易。5—6月份，剪取成熟的木质化枝条，长15~20厘米，插入砂盆中，保持湿润，并适当遮阴，1个月左右可生根，培养2年即可开花。

花卉诊治

常见病害主要有枯梢病、炭疽病等。平时要加强松土除草，及时清除枯枝、病叶，注意通气，以减少病源的传播。加强病情检查，发现病情及时处理，可用甲基托布津等溶液防治。常见的害虫主要有叶甲和蚜虫等，可用氧化乐果乳油1 000倍或甲胺磷1 000倍液防治。

—— 养花之道 ——

生长期需保持土壤湿润，冬季则控制土壤湿度。

因其生长旺盛，花量大，需不断追肥，以磷钾肥为宜，盆栽需施足积肥。

冬季进入休眠期可适当修剪病重枝条，促进更新。

摆放布置

叶子花品种众多，花色各异，花期长，是备受欢迎的花市盆栽。其观花枝条具攀缘特性，可利用这一特点进行绑扎造型，可制成花环、花篮、花球等形状，或做盆栽造型。常见栽培于庭院、草坪等处。

　常绿藤状灌木，枝长可达5米，具刺，腋生。叶纸质，椭圆形或卵形，基部圆形。花序腋生或顶生，苞片椭圆状卵形，基部圆形至心形，花色有白色、暗红色、紫红色、粉色及复色等。花期几乎可达全年。

五星花

科属：茜草科五星花属
别名：繁星花、埃及众星花

Pentas lanceolata

五星花原产于非洲热带地区和阿拉伯地区，我国南部可露地栽培。多作一年生草花栽培。喜温暖湿润气候；耐高温，耐旱，不耐水湿。喜疏松肥沃、排水顺畅的沙质壤土。

繁殖方法

播种繁殖为主。

播种后保持基质湿润，保持温度15~25℃，10~15天可发芽。

花卉诊治

病害主要有灰斑病、灰霉病，可通过保持栽培场所的清洁，使用无菌的土壤、保持环境透风米预防；发病期可使用甲基托布津1 000倍液、百菌清1 200倍液防治。虫害主要有粉虱和蚜虫等，可使用吡虫啉1 500倍液防治。

—— 养花之道 ——

定植后植株长有3~4对真叶时可摘心1次，以使分枝整齐，开花一致。

生长期间不宜过度浇水，同时应避免栽培介质积水，基质宁干勿湿；生长期施用复合肥料，掌握薄肥勤施原则，开花期增施磷钾肥。

在秋冬季开花以后，会有约1个月的休眠期，此时宜控制水肥，盆土微湿即可。

摆放布置

五星花株形雅致，花色繁多，花期持久，华南地区可布置花台、花坛、花架。盆栽摆放在大厅、宾馆、阳台亦极美观。

　多年生草本，高30～70厘米。叶对生，全缘，卵形、椭圆形或披针状长圆形。顶生聚伞形花序直径达10厘米，小花呈筒状，花冠5裂，呈五角星状。园艺品种众多，花色有粉红、绯红、桃红、白色等，花期主要集中在3—10月。

茉莉花

科属：木犀科素馨属
别名：茉莉、末利花

Jasminum sambac

茉莉花原产于印度、巴基斯坦、伊朗等国，现我国各地广泛栽培。喜温暖湿润及阳光充足环境，喜光，稍耐阴；不耐寒冷与干旱，低于0℃会受冻害。喜深厚肥沃、富含腐殖质的酸性土壤。

繁殖方法

茉莉繁殖多用扦插，也可压条或分株。扦插于4—10月进行，选取成熟的1年生枝条，剪成带有2个节以上的插穗，去除下部叶片，插在泥沙各半的插床，覆盖塑料薄膜，保持较高空气湿度，约经40～60天生根。压条选用较长的枝条，在节下部轻轻刻伤，埋入盛沙泥的小盆，经常保湿，20～30天开始生根，2个月后可与母株割离成苗，另行栽植。

花卉诊治

茉莉花的主要虫害有卷叶蛾和红蜘蛛，它们会危害顶梢嫩叶，要注意及时防治。常用药剂有50%溴螨乳油2 000～3 000倍液、20%甲脒乳油1 000～2 000倍液、20%三氯杀螨醇1 000～1 500倍液等。特别注意红蜘蛛类容易产生抗药性，几种农药须轮换更替施用。

—— 养花之道 ——

茉莉是一年多次抽梢、多次孕蕾、周年开花的植物，因而需肥量很大，只要保持盆土有充足的肥力，且养护得当，盆栽茉莉一年可开3次花。

生长期注意浇水，夏季开花前增施磷钾肥。

茉莉以3～6年生苗开花最旺，以后逐年衰老，须及时重剪更新。

摆放布置

茉莉花叶色翠绿，花色洁白，香味浓厚，是著名的芳香花卉。盆栽可点缀客厅、阳台、窗台，清雅宜人，芬芳馥郁。茉莉花可制花茶，还可加工成花环等装饰品。

常绿小灌木或藤本，株高约1米。枝干黄褐色。嫩枝细，绿色，略呈藤本状；单叶对生，卵圆形至椭圆形，表面有光泽，全缘。花单生或聚伞花序，生于枝顶或叶腋，花白色，单瓣至重瓣，具浓香，花期5—8月，少有结实。

绣球

科属： 虎耳草科绣球属
别名： 八仙花、草绣球、紫阳花

Hydrangea macrophylla

绣球原产于我国长江流域及以南地区，日本也有分布。性喜温暖、湿润和半阴环境。怕旱又怕涝，不耐寒。喜肥沃湿润、排水良好的壤土。适应性较强。

繁殖方法

常用扦插、分株繁殖，以扦插为主。于梅雨期间，选取幼龄母株上的健壮嫩枝作插穗，插穗基部需带节，长20厘米左右，摘去下部叶片。插后需遮阴，经常保持湿润，20天到1个月发根，成活后第二年可移植。分株繁殖则宜在早春萌芽前进行，将已生根的枝条与母株分离，直接盆栽，浇水不宜过多，在半阴处养护，待萌发新芽后再转入正常环境养护。

养花之道

绣球的生长适温为18～28℃。每年春季应适当修剪，保持株形优美。在生长期应注意水分管理，保证叶片不凋萎。

6—7月花期，肥水要充足，每半月施肥1次。

平时栽培要避开烈日照射，以60%～70%遮阴最为理想。盛夏光照过强时适当的遮阴可延长观花期。花后摘除花茎，促使产生新枝。

冬季应保持土壤干燥，并做好防冻措施。

花卉诊治

主要有萎蔫病、白粉病和叶斑病发生，用65%代森锌可湿性粉剂600倍液喷洒防治。虫害有蚜虫和盲蝽危害，可用40%氧化乐果乳油1 500倍液喷杀。

摆放布置

绣球开花季节花序硕大，花色繁多，如彩色绣球簇拥于绿叶中，十分夺目。园林中常植于疏林树下，游路边缘，建筑物入口处，或丛植于草坪等处。小型庭院中，对植、孤植于墙垣或窗前，亦富有情趣。

　落叶或半常绿灌木。叶大而对生，浅绿色，有光泽，呈椭圆形或倒卵形，边缘具钝锯齿。伞房花序顶生，球状，有总梗。不育花萼4片，阔倒卵形、近圆形或阔卵形，花色粉红色、淡蓝色或白色，孕性花极少。花期6—7月。常见栽培品种有银边八仙花，叶上有大小不一的白色斑纹。

花朱顶红

科属：石蒜科朱顶红属
别名：对红、君子红

Hippeastrum vittatum

　　花朱顶红原产于热带和亚热带地区，现世界各地广泛栽培；我国南北各地均有栽培。喜温暖湿润气候，生长适温18～25℃，冬季休眠期要求凉爽干燥；喜肥畏涝。要求富含有机质的沙质壤土。

繁殖方法

常用分球繁殖，即每年3～4月分栽小鳞茎。

也可用播种繁殖，花后约2个月种子成熟后，即行播种，1周发芽，播种苗第3年可以开花。

花卉诊治

红斑病主要危害叶片和花梗，发病后喷洒700倍的75%百菌清，或500～700倍的80%代森锌防治。虫害易受红蜘蛛、蓟马、白粉虱的危害，可以喷洒1 500倍的氧化乐果乳油，也可以于盆中埋施15%的铁灭克等。

—— 养花之道 ——

培养土可用等量的腐叶土、壤土、堆肥土配制，栽培时鳞茎的一半以上露出土壤，盆栽盆径要在18～20厘米。

生长季节注意及时浇水和施肥，每2～3月施1次有机肥，花期肥水更不能少，花后立即剪除花茎，多补充磷钾肥，有利于球根复壮。

夏季避免阳光长时间直射，冬季栽培需做好防冻。

摆放布置

花朱顶红花大色艳、品种繁多，且栽培容易，常作盆栽观赏或作切花，也适合园林绿地应用，多植于路旁、山石旁、池畔等处。

多年生球根草本，具肥大鳞茎。叶6～8枚，与花同时抽出或花后抽出。叶片绿色，带状，长50厘米。伞形花序着生顶端，喇叭形，花被片红色，常2～6朵花相对开放。蒴果球形，种子黑色。花期4—6月。

牡丹

科属：毛茛科芍药属

别名：木芍药、富贵花、洛阳王

Paeonia suffruticosa

牡丹原产于我国，园艺种极多，现国内外栽培普遍。性喜温暖凉爽、阳光充足的环境。喜光，也耐半阴，怕烈日直射；耐寒，怕闷热，耐干旱，耐弱碱，忌积水。适宜在地势高燥、疏松肥沃、排水良好的中性沙质壤土中生长。酸性或黏重土壤中生长不良。

繁殖方法

牡丹繁殖方法有分株、嫁接、播种等，但以分株及嫁接居多，播种方法多用于培育新品种。

牡丹的嫁接繁殖，依所用砧木的不同分为两种：一种是野生牡丹；一种是用芍药根。

牡丹分株的母株一般是利用健壮的株丛，母株上应尽量保留根蘖，新苗上的根应全部保留，以备生长5年可以多分生新苗。这样的株苗栽后易成活，生长亦较旺盛。根保留得越多，生长愈旺。

—— 养花之道 ——

栽植后浇1次透水。牡丹忌积水，生长季节酌情浇水。

栽植1年后，秋季可进行施肥，以腐熟有机肥料为主。结合松土、撒施、穴施均可。春夏季多用化学肥料，结合浇水施花前肥、花后肥。盆栽可结合浇水施液体肥。栽植当年，多行平茬。

春季萌发后，留5枝左右，其余抹除，集中营养，使第2年花大色艳。

秋冬季，结合清园，剪去干花柄、细弱、无花枝。

花卉诊治

常见叶斑病，发病在根茎处及根部，以根茎处较为多见。受害处有紫色或白色棉絮状菌丝，初呈黄褐色，后为黑褐色，俗称"黑疙瘩头"。此病多在6—8月高温多雨季节发生，可用500倍五氯硝基苯药液涂于患处再栽植，也可用5%代森铵1 000倍液浇其根部。

摆放布置

牡丹色、姿、香、韵俱佳，花大色艳，花姿绰约，韵压群芳，深受人们喜爱。最宜设立牡丹专类园，亦可栽培于庭院角隅、草坪、坡地，无不相宜。盆栽牡丹可置于客厅、入口处观赏；此外牡丹可通过花期调控促成栽培，是春节年宵花卉佳品。

落叶灌木，高1～2米。老茎灰褐色，当年生枝黄褐色。叶互生，二回三出复叶，顶生小叶3裂，无毛。花单生枝顶，花大，花色有白、黄、粉、红、紫及复色，有单瓣、重瓣，具芳香。蓇葖果，密生褐黄色毛。花期4—5月。

木茼蒿

科属：菊科木茼蒿属

别名：玛格丽特菊

Argyranthemum frutescens

木茼蒿原产于欧洲南部，我国庭院有栽培。喜凉爽湿润环境；喜光，不耐阴；不耐炎热，较耐寒；怕水涝。栽培要求土壤肥沃且排水良好。

繁殖方法

扦插法繁殖，全年皆可进行。但应避开炎热的夏天。扦插时期依所需的开花期而定。若需"五一"劳动节开花，需9—10月时扦插；若需早春开花，则可在6月扦插。插穗切取后，先插入水中数小时，再行扦插。一般插后2~3周生根。

—— 养花之道 ——

栽培需要选用排水顺畅的壤土，生长期保持土壤湿润即可，切忌盆土积水。

夏季需通风，并且向盆周边喷水降温，过于炎热时叶子黄化脱落。

对肥料要求不严，花前适当施用磷钾肥，可促开花不断。

花后可适当修剪，结合扦插进行。

栽培2~3年后，可重剪去地上部分，促进更新。

花卉诊治

病害主要有叶枯病、褐斑病等。叶枯病可用50%多菌灵可湿性粉剂1 500倍液喷雾或75%百菌清可湿性粉剂500倍液喷雾。虫害有潜叶蝇、白粉虱、蚜虫等。潜叶蝇可用4.5%高效氯氰菊酯2 000倍液防治。蚜虫、白粉虱可用10%蚜虱净乳油1 000~2 000倍液防治。

摆放布置

木茼蒿品种丰富、花色繁多，花期长，是夏季凉爽的北方重要的盆栽花卉。可盆栽摆放走廊、门厅入口；配植于花园则一年四季花开不断，极富野趣。

　　多年生草本或半灌木，高达1米。茎直立，多分枝。叶卵形或椭圆形，长10～12厘米，宽4～5厘米，沿狭羽轴作1～2回羽状深裂，末端裂片披针形；叶有长叶柄；上部叶渐小，最上部叶全缘，不分裂。头状花序多数，在茎枝顶端排成不规则疏散的伞房状；花色有白色、粉色、深红、淡黄等色。花果期2—10月。

雏菊

科属：菊科雏菊属

别名：延命菊

Bellis perennis

雏菊原产于欧洲，现我国各地庭院广泛栽培。喜光，又耐半阴；喜冷凉气候，忌炎热；忌土壤积水黏重。喜疏松肥沃、富含腐殖质的酸性土壤。

繁殖方法

播种繁殖。多在秋季8—9月播种。北方多在春季播种。雏菊的种子细小，用细沙混匀种子撒播，覆盖厚0.5厘米左右细土，10～15天可发芽；在幼苗具2～3片叶时，即可移植。

花卉诊治

主要病害有叶枯病、苗期猝倒病、灰霉病、褐斑病、炭疽病等，可用百菌清800～1000倍液、多菌灵1000～1500倍液体进行防治。虫害有地老虎、大青叶蝉、蚜虫等，防治地老虎施用辛硫磷、马拉硫磷200～500倍液灌根，大青叶蝉、蚜虫可施用吡虫啉1000～1500倍液。

—— 养花之道 ——

幼苗在生长期需保持土壤介质湿润，需要给予光照。

雏菊喜肥，盆栽需要施足复合肥基肥，生长期每隔7～10天追肥1次，入冬减少施肥量。

栽培场所需通风，否则基部簇生叶片易腐烂。

摆放布置

雏菊叶丛生呈莲座状，密集矮生；花梗高矮适中，花朵整齐，色彩和谐；早春季节开花，生机盎然。多用于布置花坛、花径，盆植可美化庭院阳台、露台。

多年生草本，常作一年生栽培，高10厘米。叶基生，草质，匙形。头状花序单生，直径2.5～3.5厘米，花粉红色。花期春季。

金盏菊

科属：菊科金盏花属

别名：金盏花、黄金盏、长生菊

Calendula officinalis

金盏菊原产于欧洲西部、地中海沿岸等地。喜温暖湿润、阳光充足的环境；能耐−9℃低温，怕炎热天气；耐瘠薄干旱。能自播，生长快。不择土壤，但以疏松肥沃的微酸性土壤最好。

繁殖方法

常于9月中下旬以后进行秋播。需用温水约40℃催芽，浸泡3~10小时，直到种子吸水并膨胀起来。播种后15~20天可发芽。

花卉诊治

主要病害有枯萎病和霜霉病，可用65%代森锌可湿性粉剂500倍液喷洒防治。初夏气温升高时，叶常发生锈病危害，用50%粉锈宁可湿性粉剂1 000倍液喷洒。早春花期易遭受红蜘蛛和蚜虫危害，可用40%氧化乐果乳油1 000倍液喷杀。

—— 养花之道 ——

生长期需保持土壤湿润，每15~20天施用液态复合肥1次。

上盆1~2周后，苗高约10厘米，把顶梢摘掉，保留下部的3~4片叶，促使分枝。

3~5周后，或当侧枝长到6~8厘米时，进行第2次摘心，即把侧枝的顶梢摘掉，保留侧枝下面的4片叶，通过在开花前的2次摘心，可促使萌发更多的开花枝条。

摆放布置

金盏菊植株矮生密集，花色金黄，鲜艳夺目，是早春园林中常见的草本花卉；适用于布置花坛、花带。花瓣可泡茶，叶可食用。

　　二年生草本，高30～60厘米。全株被白色茸毛。单叶互生，椭圆形或椭圆状倒卵形，全缘，基生叶有柄，上部叶基抱茎。头状花序单生茎顶，直径4～6厘米。有重瓣、卷瓣和绿心、深紫色花心等栽培品种。花期12—6月，盛花期3—6月。

菊花

科属：菊科菊属

别名：寿客、金英、黄华、秋菊

Chrysanthemum morifolium

菊花原产于中国，我国十大名花之一，栽培历史悠久。短日照植物，喜光，稍耐阴；喜凉爽，较耐寒，较耐干旱，最忌积涝。喜地势高燥、土层深厚、富含腐殖质、轻、松、肥沃而排水良好的沙质壤土。

繁殖方法

通常以扦插繁殖为主，其中又分嫩枝插、芽插、叶芽插。

嫩枝插法应用最广，多于4—5月扦插。截取嫩枝8～10厘米作为插穗，插后善加管理。在18～21℃的温度下，多数品种3周左右生根，约4周即可移苗上盆。

摆放布置

菊花开于深秋，经历风霜，有顽强的生命力，高风亮节，历来受人民喜爱，有"花中隐士"的封号。我国多地有主题菊展，常可制作各种造型，组成菊塔、菊桥、菊篱、菊亭、菊门、菊球等形式精美的造型；又可培植成大立菊、悬崖菊、菊艺盆景等，形式多变，蔚为奇观。此外菊花是世界主要切花品种之一。

—— 养花之道 ——

生长期保持土壤湿润，夏季注意栽培场所通风，并早晚给水，秋季孕蕾到现蕾时，适当控水。盆栽定植时盆中要施足底肥。以后可每隔10天施1次氮肥。立秋后自菊花孕蕾到现蕾时，可每周施1次磷钾肥；含苞待放时，即暂停施肥。

菊花幼苗10厘米时，需要摘心，只留植株基部4～5片叶，上部叶片全部摘除。待长出5～6片新叶时，再将心摘去，使植株保留4～7个主枝，以后长出的枝、芽要及时摘除。

花卉诊治

病害主要有叶枯病、枯萎病。发病时及时处理病株，并施用50%托布津1 000倍液、多菌灵1 000倍液防治。菊花重要的害虫有蚜虫类、蓟马类、叶螨类及夜蛾类等。前3种刺吸性害虫可施用40%氧化乐果乳油1 000倍液防治，对夜蛾类食叶害虫可使用辛硫磷800倍液、甲胺磷500～800倍液防治。

　多年生草本，高 60～150 厘米。茎直立，分枝或不分枝。叶互生，叶片卵形至披针形，羽状浅裂或半裂。头状花序单生或数个集生于茎枝顶端；培育的品种极多，花径大小不一，花色则有红、黄、白、橙、紫、粉红、暗红等各色；瓣形有单瓣、平瓣、匙瓣等多种类型。花期 9—11 月。

波斯菊

科属：菊科秋英属
别名：秋英

Cosmos bipinnatus

波斯菊原产于北美洲墨西哥，我国西南高原的路旁、田埂、溪岸常有野生，全国各地多作一年生栽培。喜温暖凉爽的气候，喜光，稍耐阴；不耐寒，忌酷热；耐干旱瘠薄，忌积水。喜排水良好的沙质壤土。忌大风，宜种背风处。可大量自播繁衍。

繁殖方法

播种繁殖。为短日照植物，春播苗往往叶茂花少，夏播苗植株矮小、整齐、开花不断。6—7月播种，发芽迅速，播后7~10天发芽，50~60天可开花。

花卉诊治

常有叶斑病、白粉病危害，可施用百菌清1 000倍液、粉锈宁1 000倍防治。炎热时易发生红蜘蛛危害，可采用三氯杀螨醇1 500倍液、克螨特1 000倍液防治。

—— 养花之道 ——

波斯菊幼苗具4~5片真叶时移植，并摘心，生长期需进行多次摘心，防止倒伏。

栽培地需高燥，雨季注意排水。养护管理粗放，可略施薄肥或不施肥，以免枝叶徒长倒伏。

摆放布置

波斯菊株形舒展，飘逸潇洒，花大而美丽，群体花期长，最宜群植营造花海、花带景观，庭院中可丛植于花园、花径，具有极高的观赏价值。

一年生或多年生草本，高可达1.5米。叶二次羽状深裂，裂片线形或丝状线形。头状花序单生，直径3～6厘米；舌状花紫红色、粉红色或白色；管状花黄色。花期7—10月。

大丽花

科属：菊科大丽花属

别名：大理花、西番莲、洋芍药

Dahlia pinnata

大丽花原产于墨西哥，现栽培的均为园艺种，约有数千个品种，在云南等地，已逸为野生。喜阳光和温暖而通风的环境，忌黏重土壤，以富含腐殖质、排水良好的沙质壤土为宜。既不耐寒又忌酷暑，夏季宜生长于干燥而凉爽的气候条件。

繁殖方法

分株繁殖最为常用，一般于3—4月进行。在分割时必须带有部分根茎，否则不能萌发新株。分根法简便易行，成活率高，苗壮。扦插繁殖，一般于早春进行。插穗取自经催芽的块根，待新芽基部一对叶片展开时，即可从基部剥取扦插。也可从新芽基部一节以上取，以后随生长再取腋芽处之嫩芽。春插苗经夏秋充分生长，当年即可开花。

花卉诊治

大丽花白粉病发病时，及时摘除病叶，并用50%代森铵水溶液800倍液或70%托布津1 000倍液进行喷雾防治。虫害有暝蛾幼虫钻进茎秆危害，受害严重时，植株不能开花，甚至坏死。一般应在6—9月，每20天左右喷1次90%的美曲膦酯原药800倍液，可杀灭初孵幼虫防治。

摆放布置

大丽花品种繁多、姿态万千、色彩华丽、花期颇长、适应性强，且栽培容易，各地普遍栽培。可布置庭院花坛、花径、花台外，也可盆栽摆放在厅堂、窗台。

—— 养花之道 ——

大丽花的茎部脆嫩，经不住大风侵袭，又怕水涝，地栽时要选择地势高、干燥、排水良好、阳光充足而又背风的地方，并作成高畦。

浇水要掌握干透再浇的原则。

霜冻前留10～15厘米根茎，剪去枝叶，掘起块根，就地晾1～2天，即可堆放室内以干沙贮藏，贮藏室温5℃左右。

多年生草本植物。高50～150厘米。肉质块根肥大，茎直立、中空、有分枝，叶对生，羽状深裂，裂片卵形，裂片边缘具钝锯齿。头状花序，由中间管状花和外围舌状花组成，管状花两性，多为黄色，舌状花单性，花期长，花朵大，有白、黄、橙、红、紫等色，花期7—10月。瘦果长椭圆形。

向日葵

科属：菊科向日葵属
别名：葵花、朝阳花、转日莲

Helianthus annuus

向日葵原产于北美，现我国栽培广泛，园艺品种繁多。喜光，不耐阴；喜温和气候；忌土壤黏重积水。栽培以深厚肥沃、富含腐殖质的沙质壤土为宜。

繁殖方法

种子较大，播种繁殖容易。一般春季播种，10℃以上时，7~10天即可萌发。幼苗出现2对真叶时进行间苗，3对真叶时即可定苗。

花卉诊治

主要病害有白粉病、黑斑病、细菌性叶斑病和茎腐病等。感病后应及时清除病叶和残株，集中烧毁；在发病初期，可用50%甲基托布津可湿性粉剂500倍液喷洒或用等量式波尔多液防治。害虫有蚜虫、盲蝽、红蜘蛛和金龟子等，可用40%氧化乐果乳油1 000倍液、73%克螨特乳油1 500倍液进行喷雾防治喷杀。

—— 养花之道 ——

定植需要选择土层深厚肥沃、排水良好场所，并施足基肥。

生长期保持土壤湿润，每10~15天施用薄肥1次，现蕾期须多施磷钾肥，促进开花繁茂。

在现蕾期常从茎秆中下部叶腋里长出分杈，为了避免影响主茎花盘的发育，应及时打杈。

摆放布置

向日葵植株挺拔，花序硕大，夏季开花，一派欣欣向荣的景象。园林中常片植成为向日葵花海，矮生种可布置于花坛，多花品种可作切花栽培。还可作生产栽植。

一年生草本，株高1~3米。茎直而粗壮，有白色粗硬毛。叶片呈心脏形，边缘有缺刻或锯齿。头状花序单生茎顶，舌状花黄色为雌性，管状花紫褐色为两性。花期7—10月，果熟期9—11月。

百日菊

科属：菊科百日菊属

别名：百日草、步步高、火球花

Zinnia elegans

　　百日菊原产于北美墨西哥高原，现全国各地均栽培。性强健，耐干旱、喜阳光，喜肥沃深厚的土壤。忌酷暑，在夏季阴雨、排水不良的情况下生长不良。

繁殖方法

　　以播种繁殖为主。春播于3—4月进行，4～5片叶时移植，株距10厘米。6月初定植，株行距30×30厘米。生长期间每10天施1次薄肥。7月至霜降开花。也可利用夏季侧枝扦插繁殖，但因气温过高，且多阵雨，应注意防护遮阴。

花卉诊治

　　青枯病主要危害根茎部，可喷洒65%代森锌700～800倍液。叶斑病主要危害叶片、叶脉，用代森锌、苯菌灵每月喷洒1～2次防治。

—— 养花之道 ——

　　苗高在5～10厘米时可移栽定植，栽后即浇水。

　　定植时可用以氮肥为主的复合有机肥做基肥，此后追肥2～3次磷钾肥，可防止倒伏。

　　浇水根据长势控制，生长期2～3天浇1次。

　　苗高20厘米时要开始摘心，促使多分枝，花后残枝应及时剪去，以控制高度，并可连续开花。

摆放布置

　　百日菊株形美观，花大色艳，花期极长，是常见的夏季花坛材料。盆栽可放窗台、阳台，亦可丛植于庭院花径、花坛。高秆品种可作切花。

直立性一年生草本，株高40～120厘米。茎秆有毛，侧枝呈杈状分枝。叶对生，无柄，卵圆形。头状花序单生枝顶，花径约10厘米，舌状花多轮花瓣呈倒卵形，花色多样。筒状花结出瘦果为椭圆形、扁小。花果期6—10月。

比利时杜鹃

科属：杜鹃花科杜鹃花属
别名：西鹃、西洋杜鹃

Rhododendron hybrid

　　欧美通过多种杜鹃反复杂交而成，现已成为欧美等国及日本主要生产的商品盆栽花卉，我国也有大量栽培。喜温暖、湿润、空气凉爽、通风和半阴的环境。适宜肥沃、疏松、富含有机质、排水良好的酸性土壤。夏季忌阳光直射、应遮阴，常喷水，保持空气湿度。9—10月份后减少遮阴，以利花芽分化。越冬温度5℃以上。

繁殖方法

　　嫁接繁殖一般于4—5月份进行，选取二年生毛鹃作砧木，接穗宜用当年萌发的嫩枝，长8~10厘米，接后约7周愈合，成活率较高。扦插繁殖通常在5—6月进行。选择半成熟嫩枝，插条长12~15厘米，去掉基部2~3片叶，留下顶端叶片并剪去一半，插于盛腐叶土或河沙的插床中，插后压实，保持湿度，60~70天逐渐生根。

—— 养花之道 ——

　　比利时杜鹃根系细，施肥不宜过浓，一般生长旺盛期，每半月施肥1次。在新叶生长期和花芽分化、花蕾形成阶段应保持盆土湿润。开花时适当控制浇水，以免掉花。

　　生长期要进行修剪、整枝和摘心；剪除有损树姿的徒长枝和从根际发出的萌蘖枝；影响通风透光和交叉的过密枝条应适当疏稀；病株和枯枝应随时剪除，以利萌发新枝。花后必须换盆，因根系脆弱易断，操作时避免碰伤新根，补充肥沃、疏松的酸性土壤。

花卉诊治

　　易受褐霉病危害，可用等量式波尔多液或50%多菌灵可湿性粉剂1 500倍液喷洒。网蟥多发生于夏秋危害叶片，使叶片呈灰白色，可用40%乐果乳油1 500倍液喷杀。军配虫常发生于8—9月，危害严重时，叶片大量脱落，影响树势，发现危害初期，用40%氧化乐果乳油1 000倍液喷杀。

摆放布置

　　比利时杜鹃品种繁多、花色丰富、色彩艳丽、花期持久，是年宵花市上的佼佼者，深受大众喜爱。可摆放在窗台、阳台、客厅、走廊等处观赏。

常绿灌木，盆栽高约15～50厘米。叶互生或簇生，长椭圆形，叶面具白色茸毛。花有单瓣、半重瓣及重瓣，花有红、粉红、白色带粉红边或红白相间等色，一年四季均可开花。

春鹃

科属：杜鹃花科杜鹃花属

别名：锦绣杜鹃、鲜艳杜鹃

Rhododendron × pulchrum

为栽培春季开花的杜鹃园艺品种的类群。喜温暖湿润的半阴的环境，忌烈日强光；较耐寒，能耐-10℃的低温；稍耐旱，忌积水。要求肥沃疏松、排水良好的酸性土壤。

繁殖方法

多用扦插、嫁接繁殖。扦插一般于5—6月间选当年生半木质化枝条作插穗，插后设棚遮阴，在温度25℃的条件下，1个月即可生根。

嫁接常行嫩枝劈接，嫁接时间不受限制，砧木多用二年生毛鹃，成活率在90%以上。

养花之道

生长期保持土壤湿润，并注意排水顺畅，勿积水，每15～20天施用液态肥1次，开花期施用磷钾肥；北方地区结合施用硫酸亚铁肥，防治叶片黄化。花后及时摘除残花。

盛夏季节适当置于荫蔽处，忌烈日暴晒。秋冬季节保持土壤偏干，稍湿润即可；北方户外温度低于5℃即需要移置室内栽培越冬。

花卉诊治

常有叶肿病危害，须剪除感染部分，并施用甲基托布津1 000倍液、多菌灵1 000倍液防治。虫害以杜鹃冠网蝽危害严重，需施用吡虫啉1 000～2 000倍液防治。需要注意的是：春鹃对乐果、敌敌畏等有机磷类农药敏感，勿在高温时节施用高浓度的此类农药。

摆放布置

春鹃四季常绿，株形秀丽；春季开花灿如云霞，极为震撼，是园林中极普遍应用的早春花木。常三五丛配植于湖畔、庭院角隅，亦片植于草坪林缘、园路小径等处，盆栽可置于阳台、居室入口观赏。

常绿灌木，高达2米。叶纸质，二型，椭圆形至椭圆状披针形，初有散生黄色疏伏毛。花1～3朵顶生枝端；花粉紫色，有深紫色点；雄蕊10。栽培品种繁多，有重瓣品种。

杜鹃红山茶

科属：山茶科山茶属
别名：杜鹃叶山茶、杜鹃茶

Camellia azalea

杜鹃红山茶原产于我国，国家一级保护植物，20世纪80年代，杜鹃红山茶在广东省阳春市的鹅凰嶂被发现，主要分布在云南、广西、广东、四川，野生数量稀少，花卉市场上也少见，曾经由于野蛮盗挖濒临灭绝。喜温暖湿润的半阴环境，耐阴能力强，稍耐寒，喜深厚肥沃、富含腐殖质的酸性土壤。

繁殖方法

主要采用扦插、压条、嫁接繁殖。在生产中多采取扦插法；插穗的剪取应于清晨进行，选择粗壮、宜用木质化、顶芽饱满、叶片完整的枝条作插穗，插穗最好用1~2年生的枝条；扦插时间以3—4月或9—10月为宜。

嫁接时间一般安排在2—3月早春萌芽前。

养花之道

栽培宜选择深厚肥沃、排水顺畅的土壤，pH值以5.5~6.5为宜。

生长期适当浇水保持土壤湿润，初夏开花前增施磷钾肥；花后及时去除残花，适当追肥，可促开花不断。

夏日需适当荫蔽，忌烈日直射。

盆栽杜鹃红山茶需要经常向叶面以及四周喷水保持空气湿度。

北方盆栽需施用硫酸亚铁，否则易缺铁黄化。

花卉诊治

常见病害有根腐病，可用500倍波尔多液防治。在高温多雨季节，易产生叶斑病，要定时喷施甲基托布津防治。虫害有地虎、蝼蛄等，可用500倍甲胺磷液防治。

摆放布置

杜鹃红山茶植株整齐，花大色艳，且其花期为夏季，而山茶属花期多为冬季，因此又是山茶花期育种的珍贵材料，从一发现就备受园林界推崇。可盆栽置于阳台、露台、室内等处观赏，亦可栽培于草坪、林缘等处。

常绿灌木。高1～2米，树体呈矮冠状，枝叶密、紧凑。树皮灰褐色，枝条光滑，嫩梢红色。叶长8～12厘米，两端微尖，倒卵形，革质，叶脉不明显，厚实，光亮碧绿，边缘平滑，不开裂，叶柄短。花药金黄色，单瓣，但花朵密生，整体丰满，四季开花不断，盛花期是7—9月份，持续至次年2月。

107

茶梅

科属：山茶科 山茶属
别名：海红

Camellia sasanqua

茶梅原产于日本，我国长江流域广泛栽培。喜温暖湿润气候，耐阴，稍耐寒，能耐-5℃的低温。适生于肥沃疏松、排水良好的酸性沙质壤土中，碱性土和黏土不适宜种植茶梅。

繁殖方法

可用扦插、嫁接、压条和播种等方法繁殖，一般多用扦插繁殖。

扦插在5月进行，插穗选用5年以上母株上的健壮枝，基部带踵，剪去下部多余的叶片，保留2～3片叶即可。也可切取单芽短穗作插穗，随剪随插。插床要遮阴，约20～30天可生根，幼苗第2年可移植或上盆。

花卉诊治

茶梅的病虫害较少，主要病害有灰斑病、煤烟病、炭疽病等，要早防早治，一旦发病，可用等量式波尔多液300倍液或百菌清1 000倍液防治。

—— 养花之道 ——

盆栽宜选择质地疏松、肥沃、排水畅通、微酸性的培养土。

生长适温为18～25℃。盛夏时，中午要避强光暴晒，而早上或傍晚宜多见阳光，以利于花芽分化和花蕾的发育。

生长期适当保持土壤湿润，并施用氮肥，薄肥勤施，促其花芽分化；9—10月再施1次磷肥，促其开好花。

摆放布置

茶梅株形低矮，枝繁叶茂，花色丰富，着花繁多，是优良的观花观叶植物，可丛植或片植做模纹色块，做绿篱；盆栽观赏可摆放于书房、会场、厅堂、门边、窗台等处，倍添雅趣。

常绿灌木或小乔木，高可达12米，树冠球形或扁圆形。树皮灰白色。嫩枝有粗毛，芽鳞表面有倒生柔毛。叶互生，椭圆形至长圆卵形，先端短尖，边缘有细锯齿，革质，叶面具光泽，中脉上略有毛，侧脉不明显。花色为白色或红色，略芳香。蒴果球形，稍被毛。花期12月至翌年2月。

芍药

科属：芍药科芍药属

别名：将离、娄尾春、余容

Paeonia lactiflora

芍药原产于我国北部、西伯利亚、朝鲜及日本，生于山坡草地及林下。喜温和凉爽、阳光充足的环境；属长日照植物，花芽要在长日照下发育开花，混合芽萌发后，若光照时间不足，或在短日照条件下通常只长叶不开花或开花异常；较耐寒，耐干旱，耐弱碱；忌积水。适宜在地势高燥、疏松肥沃、排水良好的中性沙壤土中生长。酸性或黏重土壤中生长不良。

繁殖方法

传统的繁殖芍药的方法是用分株、播种、扦插、压条等方法繁殖，其中以分株法最为易行，被广泛采用。播种法仅用于培育新品种、生产嫁接牡丹的砧木和药材生产。

花卉诊治

芍药病害主要有芍药灰霉病、芍药褐斑病、芍药红斑病。可喷40%氧化乐果乳油1 000~1 500倍液，或50%马拉硫磷乳剂800~1 000倍液，喷药要均匀，全株都要喷到，在蜡壳形成后喷药无效。

摆放布置

芍药花大艳丽，品种丰富，在园林中常成片种植，花开时十分壮观。或沿着小径、路旁作带形栽植，或在林地边缘栽培，并配以矮生、匍匐性花卉观赏。

—— 养花之道 ——

穴底施以腐熟的粪干或饼肥。与底土掺匀。

栽前用甲基托布津700倍液加甲基异柳磷1 000倍液的混合液处理芍药苗，以防病虫危害。

手持芍药苗，使根疏展地放于穴中，当填土至半坑时，抖动并上提苗株，使根系与土壤结合紧密。

苗株上提高度，以芽与地面相平为准，经浇水土坑下沉，正好为适宜的栽植深度。

多年生宿根草本，株高1米左右。具纺锤形的块根。叶互生，下部叶为二回三出复叶，小叶狭卵形、披针形或椭圆形，边缘有小齿。花大，单生枝顶，有芳香。花瓣白、粉、红、紫或红色，花期4—5月。蓇葖果，倒卵形，果熟期8—9月。

凤尾丝兰

科属：龙舌兰科丝兰属
别名：凤尾兰、剑叶丝兰

Yucca gloriosa

凤尾丝兰原产于北美东部和东南部，我国华北南部、华南、西南、华东、华中等地可栽培。喜温暖湿润气候，喜光也耐阴；较耐寒冷，能耐-10℃低温；极耐干旱与贫瘠。对土壤要求不严，适应性强，生长强健。

繁殖方法

可用分株、扦插等繁殖。在春季2—3月根蘖芽露出地面时可进行分栽。分栽时，每个芽上最好能带一些肉根。先挖坑施肥，再将分开的蘖芽埋入其中，埋土不要太深，稍盖顶部即可。

花卉诊治

偶有褐斑病和叶斑病危害，可用70%甲基托布津可湿性粉剂1 000倍液喷洒。虫害极少，介壳虫、粉虱等偶见危害，可用40%氧化乐果乳油1 000倍液喷杀。

—— 养花之道 ——

凤尾丝兰叶片密生广展、顶端尖锐，起掘时先捆扎，裸根或带宿土均可。

定植前施足基肥，定植后浇透水，解除捆扎物，放开叶子。

养护管理极为简便，只需修剪枯枝残叶，花后及时剪除花梗。

摆放布置

凤尾丝兰终年常绿，叶形如剑，植株刚健挺拔，花序挺拔，开花时花茎高耸挺立，花色洁白，繁多的白花下垂如铃，姿态优美，花期持久，幽香宜人，是良好的庭园观赏树木。常植于花坛中央、建筑前、草坪中、池畔、台坡、建筑物及路旁，也作绿篱栽植。

常绿灌木，茎通常不分枝或分枝很少。叶片剑形，长40～70厘米，宽3～7厘米，顶端尖硬，螺旋状密生于茎上，叶质较硬，有白粉，边缘光滑或老时有少数白丝。圆锥花序高1米以上，花朵杯状，下垂，乳白色。蒴果椭圆状卵形，长5～6厘米，不开裂。

鸡冠花

科属：苋科青葙属
别名：红鸡冠、鸡公苋

Celosia cristata

鸡冠花原产于印度，现世界各地园林习见栽培。喜阳光充足、湿热，不耐霜冻。不耐瘠薄，喜疏松肥沃和排水良好的沙质壤土。

繁殖方法

播种繁殖。播前，应先浇足水，然后播种。覆土要薄，以种子直径的1～2倍为宜。播种后，适当覆盖保护。当幼苗长出2～3片真叶后，要及时分苗，栽后要注意水分管理。再经过20～30天即可定植。

花卉诊治

病虫害少，主要在苗期易发生立枯病，应注意预防，生长期有蚜虫危害，施用吡虫啉1 000倍液防治即可。

—— 养花之道 ——

栽培管理较为粗放。栽培地点要求有充足的日光照射，最好保证植株每天接受不少于4小时的直射日光。

霜冻后，整个植株就会枯萎死亡，待来年再进行播种繁殖。

摆放布置

鸡冠花株形整齐，色彩绚丽，适合布置公园花坛、花丛，亦可庭院点缀观赏。

一年生草本。株高25～50厘米。茎光滑，叶卵圆形至披针形，全缘，互生，叶色有绿、或绿带红色、或绿带黄色。穗状花序顶生，花序扭曲折叠，酷似鸡冠。花小无瓣，有紫、红、黄、白、橙等色。花果期夏、秋季直至霜降。

千日红

科属：苋科千日红属
别名：火球花、百日红

Gomphrena globosa

千日红原产于美洲热带地区，现我国南北各地栽培广泛。喜光，喜炎热干燥气候，性强健，适生于疏松肥沃排水良好的土壤中。

繁殖方法

播种繁殖于春季，3~4月进行。播种前要先进行浸种处理，可播于露地苗床，在气温20~25℃条件下，约2周一般即可出苗。幼苗2~3片真叶时移植1次。

花卉诊治

叶斑病危害时，应及时收集病残枝烧毁。增施磷钾肥，勿偏施过量氮肥。发病初期可喷施15%亚胺唑（或称霉能灵）可湿粉2 500倍液，或25%腈菌唑乳油8 000倍液2~3次，隔15天1次。

—— 养花之道 ——

盆栽可在现蕾初期上盆。

千日红生长势强盛，对肥水、土壤要求不严，管理简便，一般苗期施1~2次淡液肥，花期再追施富含磷、钾的液肥2~3次，则花繁叶茂。

在幼苗期间应行数次"摘顶"，即每次保留新生叶片2对，将顶尖掐去，但掐顶时要注意到株形的整齐美观。

残花谢后，不让它结籽，可进行整形修剪，仍能萌发新枝，于晚秋再次开花。

摆放布置

千日红花开密集，花色艳丽，是布置夏秋季花坛、花径及制作花篮的良好材料，花朵还可制作干花用于摆放观赏。

　　一年生草本。高约20～60厘米，全株被白色硬毛。茎直立，粗壮，多分枝。叶对生，纸质，长圆形或椭圆形，边缘波状。叶柄短或上部叶近无柄。头状花序顶生。苞片和小苞片紫红色、粉红色或白色，膜质。胞果近球形，种子肾形。花果期6—9月。

薰衣草

科属：唇形科薰衣草属

别名：灵香草、香草、黄香草

Lavandula angustifolia

薰衣草原产于地中海沿岸及大洋洲诸岛。喜温暖凉爽及阳光充足的环境，性耐干旱贫瘠，有较强抗寒性，可耐-20℃的低温，适宜生长在富含硅、钙，疏松透气的土壤中。

繁殖方法

以扦插为主，也可以采用压条或分根的方法。每年10月中旬，植物基本上停止生长，选择半木质化枝条，剪取长度为10～12厘米，扦插在事先准备好的苗床中，埋入土中部分占全长的一半左右。要经常保持土壤湿润，使苗床透光。家庭种植可在花盆内扦插。第2年6月中下旬插条生根，秋季移入大田定植，也可播种繁殖。

花卉诊治

常有蚜虫危害，可用40%乐果乳剂800～1000倍液进行防治。红蜘蛛危害，则可用阿维菌素3000倍液喷洒防治。

—— 养花之道 ——

定植后要注意及时消灭杂草，保持土壤疏松。夏季大雨过后及时排水，盆中不能积水。种植后前2年花穗不多，第3年花穗逐渐增加，进入开花盛期。

每年入冬前剪去地上部茎叶，以土或草覆盖。来年春季清明前后去除覆盖物，植株能很快返青。

摆放布置

薰衣草蓝紫色花序修长秀丽，是庭院中深受推崇的芳香花草。适宜花径丛植或条植，也可盆栽观赏。剪取开花的枝条可直接插于花瓶中观赏，干燥的花枝也可编成具有香气的花环，在花园、花店、宾馆、餐厅等公共场所可作为时尚花卉摆放。

半灌木或亚灌木，株高30～100厘米，全株具芳香味，植株密披星状白色星状茸毛。茎直立，分枝多，四棱形。叶线状披针形。穗状花序，生于枝端，轮状排列，花淡紫色或紫色。种子光滑，椭圆形。花期6—8月。

双荚决明

科属：豆科决明属
别名：双荚槐

Cassia bicapsularis

双荚决明原产于热带美洲。我国华南地区于90年代从国外引种，现在华东、华中、西南地区都有栽培。喜光，根系发达，萌芽能力强，适应性较广，耐寒，耐干旱瘠薄的土壤，有较强的抗风、抗虫害、防尘和防烟雾的能力，尤其适应在肥力中等的微酸性或砖红壤中生长。

繁殖方法

可播种、扦插繁殖。播种，须在果实成熟后，选择生长健壮的母树、饱满果条进行采种。采回的果实，待1周后剥出种子播种。

扦插在春季进行。选择母树的侧枝长至10~12厘米，用剪刀将其剪下作为穗条，带生长点，去掉基部3~4厘米的叶子，插于基质中，保持湿润，20~30天可生根。

养花之道

养护管理粗放。地栽植株选择阳光充足环境定植即可。

盆栽植株生长期适当浇水，保持土壤湿润；生长旺盛，容易徒长，需要适当短截，疏枝，保持株形。

且若无需留种仅作观赏的植物，可花后及时修剪，若大量结果影响来年树势。

长江流域以北冬季需入室越冬。

花卉诊治

病害较少，但虫害偶有发生，主要有蛾类、叶甲类危害，可施用氧化乐果乳油1 000倍液或马拉硫磷1 000~1 500倍液防治。

摆放布置

双荚决明株形饱满，花序醒目，花期极长，且抗逆性强，常植于路旁、池边、广场、公园和草地边缘；庭院中数丛植于墙隅、山石旁，管理得当一年有花可赏。

半常绿蔓性灌木，高达3.5米。羽状复叶，小叶3～5对，倒卵形至长圆形，先端圆钝，叶面灰绿色，叶缘金黄色；第1～2对小叶间有突起的腺体。花金黄色，灿烂夺目；总状花序；花期9月至翌年1月。荚果细，长达15厘米。

刺桐

科属：豆科刺桐属

别名：山芙蓉、木本象牙红

Erythrina variegata

刺桐原产于印度及马来西亚等地，性强健，萌发力强，生长快。喜温暖湿润与阳光充足的环境，不甚耐寒，低于5℃会受到寒害；耐旱也耐湿；对土壤要求不严，在肥沃排水良好的沙壤土生长良好。

繁殖方法

繁殖以扦插为主。于4月间选择1～2年生充实、健壮的枝条剪成12～20厘米的枝段作插穗，插入沙土中。插后要注意浇水保湿，极易生根成活。

花卉诊治

常见有叶斑病、炭疽病危害，可用甲基托布津1 000倍液、炭特灵1 000倍液防治。

—— 养花之道 ——

盆栽需要施足基肥，生长期保持土壤湿润，每10～15天施用肥料1次，开花前尤需要施用磷钾肥，以促花繁叶茂。

摆放布置

刺桐花色艳丽、花序醒目，十分美丽。盆栽可置于阳台、庭院入口等处观赏，华南地区可露地栽培于庭院、花园、公园等处。

落叶大乔木。羽状复叶具3小叶，常密集枝端；叶柄长10～15厘米，通常无刺；宽卵形或菱状卵形。总状花序顶生，长10～16厘米，上有密集、成对着生的花；花冠红色；花期3月。果期8月。

鸳鸯茉莉

科属：茄科鸳鸯茉莉属
别名：番茉莉、双色茉莉

Brunfelsia brasiliensis

鸳鸯茉莉原产于热带美洲，现我国南方地区多有栽培。喜高温、湿润、光照充足的气候条件，喜疏松肥沃、排水良好的微酸性土壤，耐半阴，耐干旱，耐瘠薄，忌涝，畏寒冷。生长适温为18~30℃。

繁殖方法

通常以扦插繁殖为主，于5月下旬剪取一年生木质化粗壮枝条作插穗，插穗长10~15厘米，插于湿沙中，保持25℃以上室温，并适当保湿遮阴，30天左右即可生根。过细的枝条扦插不易成活，可采用压条法繁殖。

花卉诊治

春季有蚜虫、介壳虫、红蜘蛛危害，用40%氧化乐果乳油1 000倍液喷杀。病害偶有叶斑病、白粉病，可用多菌灵或甲基托布津500~800倍液防治。

—— 养花之道 ——

每隔一两年，春季换盆1次，盆土宜用腐殖质丰富、疏松肥沃、透气性良好的微酸性土壤。

生长期可放在光照充足处养护，夏季高温适当遮阴。

平时保持盆土湿润而不积水，经常向植株及周围环境喷水，使其有个湿润的小环境。

4—9月的生长旺季，每10天左右施1次腐熟的稀薄液肥。

花谢后剪去残花枝，将内膛枝轻剪，以利于植株内部通风透光，并保持株形优美。

冬季移入室内阳光充足处养护。

摆放布置

鸳鸯茉莉分枝多，一树双色花，且芳香，适用于楼宇、庭院、公园等地点缀或作花篱，亦可盆栽观赏。

多年生常绿灌木，高50～100厘米。单叶互生，矩圆形或椭圆状矩形，先端渐尖，全缘，具短柄。花单生或呈聚伞花序，高脚蝶状，初开时淡紫色，随后变成淡雪青色，再后变成白色，花期4—10月。果为浆果。

125

香雪兰

科属：鸢尾科香雪兰属
别名：小苍兰

Freesia refracta

香雪兰原产于南非及热带非洲，我国南方有栽培，北方多盆栽。性喜温暖湿润的环境，要求阳光充足，忌烈日高温；喜湿润，忌积水与土壤黏重。以疏松肥沃、排水顺畅的近中性土壤为宜。

繁殖方法

以分球繁殖为主。夏季进入休眠后，挖起球茎，此时老球茎已枯死，上面会产生1~3个新球茎。贮藏或冷藏后，秋季8~9月时再进行栽植。新球茎直径达1厘米以上者栽植后当年即能开花，小的新球茎则需培养1年后才能开花。

—— 养花之道 ——

生长期保持土壤湿润，不可积水或过干。

尤其新球定植后，需要保持土壤温度湿度，有利于发根。

较喜肥，每2周施用1次磷钾肥。

花卉诊治

病害有菌核病、花叶病。前者可用70%甲基托布津1 000倍液或50%的多菌灵1 000倍液防治。后者主要由蚜虫传播，通过喷洒40%氧化乐果乳油1 500倍液或2.5%氯氰菊酯3 000倍液防治蚜虫，可有效防止病害发生。

摆放布置

香雪兰花色素雅，玲珑清秀，香气浓郁，开花期长，是花市常见年宵花卉，可点缀客厅、书房，通过花期调控可于春节前后开花，室内摆放可增添节日气氛。花含芳香油，可提制浸膏。

多年生草本植物，高25～45厘米。球茎卵圆形。叶条形或剑形，长10～40厘米，宽5～13毫米。花茎直立，上部有2~3个弯曲的分枝，下部有数枚叶；花无梗，绿黄色至鲜黄色，芳香。花期冬春季。

荷包花

科属：玄参科荷包花属
别名：蒲包花

Calceolaria crenatiflora

　　荷包花原产于美洲墨西哥、秘鲁、智利一带。性喜凉爽湿润与阳光充足的气候，惧高温炎热、忌寒冷，喜通风良好；忌积水；对土壤要求严格，以疏松肥沃、富含腐殖质的酸性沙质壤土为好。

繁殖方法

　　以播种繁殖为主。播种多于10月底至11月初进行，可直接撒播，可薄薄撒一层土（不覆土也可），温度维持在15℃左右，一周后出苗，出苗后及时除去覆盖物，以利通风，防止猝倒病发生。

花卉诊治

　　幼苗期易发生猝倒病，应进行土壤消毒，发病时及时拨出病株。高温干燥天气易发生红蜘蛛、蚜虫等虫害，可施用克螨特1 000倍液体、吡虫啉1 500～2 000倍液防治。

—— 养花之道 ——

　　生长期注意通风和适度遮阴。

　　每半月施肥1次。氮肥不能过量，否则易引起茎叶徒长和严重皱缩。

　　当抽出花枝时，增施1～2次磷钾肥；同时应该及时摘除叶腋间的侧芽，否则侧生花枝过多，还造成株形不正。

摆放布置

　　荷包花花形奇特，色泽鲜艳，且花期长，观赏价值高，是初春之季主要观赏花卉之一，能补充冬春季节观赏花卉不足。适宜置于阳台、窗台或室内盆栽观赏，也可用于装饰春节节日花坛。

　多年生草本，多作一年生栽培花卉。株高30厘米。叶片卵形对生。花形别致，花冠二唇状，上唇瓣直立较小，下唇瓣膨大似蒲包状，中间形成空室。花色变化丰富，单色品种有黄、白、红等深浅不同的花色，复色则在各底色上着生橙、粉、褐红等斑点。花期12月至翌年2月。

旱金莲

科属：旱金莲科旱金莲属
别名：金莲花、旱莲花

Tropaeolum majus

旱金莲原产于南美秘鲁、巴西等地，我国普遍引种作为庭院或温室观赏植物。性喜温暖湿润气候，不耐严寒酷暑，适生温度为18～24℃，耐短期0℃低温；夏季高温时不易开花，35℃以上生长受抑制；冬、春、秋3季需充足光照，夏季盆栽忌烈日暴晒。盆栽需疏松、肥沃、通透性强的培养土，怕渍涝。

繁殖方法

可播种、扦插法繁殖。春播在3—6月进行，花期8—12月。秋播8月下旬至9月上旬进行，可在元旦、春节期间开花。扦插于4—6月进行，选嫩茎作插穗，去除下部叶片，插后遮阴，保持湿度，2～3周可生根。

花卉诊治

病害主要有花叶病、环斑病等病毒性病害，发现危害后要及时拔除病株。虫害主要有蚜虫、潜叶蛾类，可用50%马拉硫磷乳油1 000倍液或40%乐果乳油1 000～1 500倍液。

—— 养花之道 ——

生长期每隔3～4周施肥1次，施肥须结合松土，改善通气性，以利根系发展。

旱金莲喜湿怕涝，土壤水分保持50%左右，生长期间浇水要采取小水勤浇的办法，春秋季节2～3天浇水1次，夏天每天浇水。开花后要减少浇水，防止枝条旺长，如果浇水过量，排水不好，根部容易受湿腐烂，轻者叶黄脱落重者全株蔫萎死亡。

同时，旱金莲的花、叶趋光性强，栽培或观赏时要经常更换位置，使其均匀生长。

摆放布置

旱金莲蔓茎缠绕，叶形奇特，形如碗莲。花色繁多，夏季花朵盛开时，如群蝶飞舞，为重要观赏花卉。可用于盆栽装饰阳台、窗台或置于室内书桌、几架上观赏。

多年生蔓生草本，茎叶稍肉质，叶互生；叶柄向上扭曲，盾状，着生于叶片的近中心处；叶片圆形，有主脉9条，由叶柄着生处向四面放射，边缘为波浪形的浅缺刻。单花腋生，花色有黄色、紫色、橘红色或杂色，直径2.5～6厘米。果扁球形，成熟时分裂成3个具一粒种子的瘦果。花期6—10月，果期7—11月。

长寿花

科属：景天科伽蓝菜属

别名：矮生伽蓝菜

Kalanchoe blossfeldiana

长寿花原产于非洲。喜温暖稍湿润和阳光充足的环境。不耐寒，生长适温为15~25℃，夏季高温超过30℃则生长受阻；冬季室内温度需12~15℃，低于5℃，叶片发红，花期推迟；冬春开花期如室温超过24℃，会抑制开花，如温度在15℃左右，长寿花开花不断。长寿花耐干旱，对土壤要求不严，以肥沃的沙壤土为好。

繁殖方法

可用扦插繁殖。在5—6月或9—10月进行效果最好。选择稍成熟的肉质茎，剪取5~6厘米长，插于沙床中，浇水后用薄膜盖上，室温在15~20℃，插后15~18天生根，30天能盆栽。常用直径10厘米的花盆栽植。

花卉诊治

主要有白粉病和叶枯病危害，可用65%代森锌可湿性粉剂600倍液喷洒。虫害有介壳虫和蚜虫危害叶片和嫩梢，可用40%乐果乳油1 000倍液喷杀防治。

—— 养花之道 ——

盆栽后生长期适当保持土壤湿润，过于干旱或温度偏低，生长减慢，叶片发红，花期推迟。盛夏要控制浇水，注意通风，若高温多湿，叶片易腐烂、脱落。

生长期每半月施肥1次，为了控制植株高度，要进行1~2次摘心，促使多分枝，多开花。长寿花定植后2周用0.2%比久喷洒1次，株高12厘米再喷1次。在秋季形成花芽过程中，可增施1~2次磷钾肥。

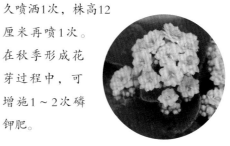

摆放布置

长寿花株形紧凑，叶片晶莹透亮，花朵稠密艳丽，观赏效果极佳，加之开花期在冬、春少花季节，花期长又能控制，为优良室内盆花。可盆栽布置厅堂、居室，案头观赏。

多年生肉质草本。茎直立，株高10～30厘米。叶肉质，交互对生，椭圆状长圆形，深绿色有光泽，边略带红色。圆锥状聚伞花序，花色有绯红、桃红、橙红、黄、橙黄和白等色。花冠长管状，基部稍膨大，花期12月至翌年4月底。

四季海棠

科属：秋海棠科秋海棠属

别名：四季秋海棠、蚬肉海棠

Begonia semperflorens

四季海棠原产于巴西，我国各地栽培，常年开花。

繁殖方法

可扦插、分株、播种法繁殖。生产上扦插与分株应用广泛，但长期多代使用，易造成品种退化，分枝少而弱，叶片、花朵变小。因此，扦插、分株繁殖只能选择实生繁殖苗第1~2代母株，以防止品种退化。

花卉诊治

易发生灰霉病，尤其在冬天，可用甲基托布津1 000倍液预防。生长期会有蚜虫、红蜘蛛等危害，可喷施一遍净1 000倍液或溴氰菊酯1 000~1 500倍液防治。

—— 养花之道 ——

上盆后应浇1次透水，缓苗1周后开始施肥，施肥可以结合浇水进行，薄肥勤施，可以采用20-10-20和14-0-14肥料500ppm液交替施用。

浇水要讲究间干间湿的原则，有利于根系向下扎，浇水过多过勤，植株容易徒长，抗病性变差。

摆放布置

四季海棠株姿秀美，叶色油绿光洁，花朵玲珑娇艳，广为大众喜闻乐见。盆栽可作案几、阳台、餐厅等处摆设点缀，常用于春、夏季花坛。

肉质草本，高15～30厘米。叶卵形或宽卵形，长5～8厘米，基部略偏斜，边缘有锯齿和睫毛，两面光亮，绿色，但主脉通常微红。花淡红或带白色，数朵聚生于腋生的总花梗上，雄花较大，有花被4片，雌花稍小，有花被5片，蒴果呈绿色，有带红色的翅。

丽格海棠

科属：秋海棠科秋海棠属

别名：玫瑰海棠

Begoniax x elatior

丽格海棠是用冬季开花的索科秋海棠B. *socotrana*与许多种球根类秋海棠杂交得出的一群冬季开花的杂交品种，以德国人Otto Rieger先生的名字命名。性喜温暖湿润的半阴环境，忌烈日暴晒；不耐寒，低于0℃会受寒害；不耐旱；喜湿润深厚、排水顺畅的酸性土壤。

繁殖方法

可用扦插法繁殖。秋末冬初，在对植株修剪定型时，可将剪下的新生枝条作插穗。可以枝插，也可以叶插。枝插时，枝条长短要适度，约3周插条就可发根。叶插经过3周后叶柄下部也可长出须根，但需再经一个半月才能从叶柄下部长出不定芽，并逐渐出土。

—— 养花之道 ——

在生长期间要进行摘心，促使植株萌发侧枝，以达到株形丰满的效果，还应及时去除多余的花蕾，以免造成养分的大量消耗而影响其他花朵的发育。

花卉诊治

病害主要有灰霉病、灰斑病等，可用甲基托布津1 000倍液或炭特灵1 000倍液防治。虫害有大蓟马、绿蝇等危害，可喷施一遍净1 000倍液和或溴氰菊酯1 000～1 500倍液防治。

摆放布置

丽格海棠的枝叶、花蕾、花序、花朵均有很高的观赏价值，为冬季室内高档盆栽花卉品种，已成为花卉市场的新宠。多用于家庭几案、桌饰、窗饰、宾馆大堂、客厅、餐厅和会议厅堂摆放，还可剪取花枝作艺术插花花材。

多年生草本，株高15～30厘米，枝叶翠绿，茎枝肉质多汁。单叶互生，歪基心形叶，叶缘为重锯齿状或缺刻，掌状脉，叶表面光滑具有蜡质，叶色为浓绿色。花形多样，多为重瓣，花色丰富，有红、橙、黄、白等颜色，花朵硕大、色彩艳丽，具有独特的姿、色、香；而且花期长，可从12月持续至翌春4月。

荷花

科属：睡莲科莲属

别名：莲花、芙蕖、水芙蓉

Nelumbo nucifera

　　荷花原产于我国南北各地，俄罗斯、朝鲜、日本、印度均有分布，自生或栽培于池塘或水田中。喜光，不耐阴，在强光下生长发育快，开花早。对土壤的适宜能力较强，但喜富含有机质黏土。病虫害少，抗氟性气体和二氧化硫较强。

繁殖方法

　　分株繁殖为主，于每年春季3~4月份，芽刚刚萌动时将根茎掘起，用利刀分成几块。保证根茎上带有两个以上充实的芽眼，栽入池内或缸内的河泥中。

花卉诊治

　　害虫常见蚜虫和斜纹夜蛾。可用50%乐果乳剂1 500~2 000倍液或2.5%鱼藤精500倍液喷洒。隔1周重复1次，效果显著。荷花少病害，主要有腐烂病，如发现病叶，立即摘除烧毁，发病初期可用800倍托布津液喷洒。

—— 养花之道 ——

　　盆缸栽培荷花，根据盆缸大小施200~500克基肥。

　　栽后满1个月，可放以腐熟的豆饼水为主的液肥，浓度10%左右。

　　立叶抽生后，再追施1~2次，花期每隔7天追施1次过磷酸钙和硫酸钾。

　　夏季气温高，应及时补充盆缸内的水分，并及时清理污水。

　　秋末冬初，荷花进入休眠期，盆缸内保持浅水即可。

摆放布置

　　荷花为我国传统十大名花之一，花大色艳，清香远溢，凌波翠盖，而且有着极强的适应性，可广植于湖泊，蔚为壮观；家庭可盆栽、瓶插观赏。

多年生水生植物。根茎肥大多节，横生于水底泥中。叶盾状圆形，表面深绿色，被蜡质白粉，背面灰绿色。花单生于花梗顶端，高于水面之上，有单瓣、复瓣、重瓣等花形，花色有白、粉、深红、淡紫色或间色等变化。花后结实，果为坚果，椭圆形。花期6—9月，果熟期9—10月。

睡莲

科属：睡莲科睡莲属
别名：子午莲、水浮莲

Nymphaea tetragona

园艺栽培品种众多。其性喜阳光，不耐阴；喜高温水湿环境。喜肥沃土壤。

繁殖方法

以分株繁殖为主，5月左右将地下茎切成6～10厘米长的茎段，平栽于泥中，使茎上新芽与土面平齐。稍晒太阳再放浅水，气温升高，新芽萌动，再加深水位。水不宜流动太快，水位不得超过40厘米。播种繁殖时可将种子放水中贮存。春季从水中取出，置于20～30℃温水中催芽，每天换水，2周后即可发芽。

花卉诊治

黑斑病是由真菌引起，发病较严重的植株，需更换新土再行栽植。发病时，可喷施75%的百菌清600～800倍液防治。褐斑病多发于秋季多雨时节，发病初期应清除残叶，减少病源。发病严重的可喷施50%的多菌灵500倍液或用80%的代森锌500～800倍液进行防治。

—— 养花之道 ——

盆栽植株，每年春分前后，在花盆底部放入腐熟的豆饼或骨粉、蹄片等肥料，上面放入30厘米以上肥沃河泥。

然后将带有芽眼的根栽入河泥中，覆土没过顶芽，然后在盆中或缸中加水。

高温季节及时换水，以免藻类的产生而影响其美观。

池栽则于早春将水放净，施入基肥后添入新塘泥，灌入充足的水栽植。

地下茎必须在湿泥中越冬；北方盆栽冬季可将其放于温室或家中越冬。

摆放布置

睡莲叶片浓绿，花色鲜艳，品种繁多，是颇受推崇的水生植物。置于公园湖泊、池塘浅水等处，亦可盆栽装饰庭院水池、水景，给人带来清新凉爽、宁静安详之感。

多年生水生花卉。叶圆形，叶面浓绿色，叶被紫红色。花单朵顶生，浮于水面，花重瓣，有白、红、黄等颜色。花期5—10月，昼开夜合。

栀子

科属：茜草科栀子属
别名：山栀子、黄栀、越桃

Gardenia jasminoides

　　栀子原产于我国长江流域及其以南各省区，日本、朝鲜及东南亚、太平洋岛屿和美洲北部也有分布。喜湿润空气和温暖气候，在排水良好、疏松肥沃的酸性土壤中生长较好。较耐阴，耐寒性差，华北地区常在温室栽培。萌芽力和萌蘖性均强，耐修剪。

繁殖方法

　　通常采用扦插、压条和播种等法繁殖。扦插于梅雨季节进行，空气湿度大，有利插条生根。插穗可用当年生健壮的嫩枝，剪成15厘米长的枝段，保留上部叶片2~3枚，插于疏松透水沙质土的苗床上，插穗入土2/3，适当遮阴，成活率高。

　　压条法于4月上旬进行，选取2~3年生健壮枝条压于土中，1个月左右可生根，到6月中下旬切离母株，移植于苗床管理培育。播种育苗以春播为宜，但实生苗开花较迟。

养花之道

　　苗木移栽宜在梅雨季节进行。栽时植株要带土球。

　　夏季高温期应勤浇水，增加湿度。开花前多施腐熟肥水，可促使叶茂花大。入秋后少施或不施肥，以免枝叶徒长，易受冻害。

　　生长期要保持水分充足，可促进孕蕾开花。霜降后移入室内越冬。

花卉诊治

　　常发生缺铁黄化病，需施含1%的硫酸亚铁溶液，可使叶片转为亮绿色。夏季易有蚜虫、介壳虫害，可喷洒氧化乐果乳油1 000倍液防治。

摆放布置

　　栀子花终年常绿，花色洁白，且芬芳香郁，是深受大众喜爱的观赏树种，可用于庭园、池畔、阶前、路旁丛植或孤植，也可在绿地作色块或花篱栽培。

常绿灌木或小乔木，株高1~2米。枝丛生，叶对生或3叶轮生，倒卵状长椭圆形，革质而有光泽，全缘。花单生枝顶或叶腋，白色、浓香，花谢前变为黄色，花冠高脚碟状，花期6—8月。果实卵形，橙黄色，10月成熟。

凌霄

科属：紫葳科凌霄属
别名：紫葳、女葳花、苕华

Campsis grandiflora

　　凌霄原产于我国长江流域以及华东、华中、西南等地，日本也有分布，现世界各地栽培广泛。喜温暖、向阳、湿润环境，略耐阴，耐寒性不太强，尤其是幼苗，冬季需要采取一定的防寒措施。在沙质壤土和黏壤土上均能种植，土壤肥沃则花大而繁密，忌积水低洼之地。

繁殖方法

　　繁殖主要采用扦插法和压条法。扦插繁殖，南方多在春季进行，北方多在秋季进行。选择健壮、无病虫害枝条，剪成10～15厘米小段插入土中，20天左右即可生根，成活率很高。

　　凌霄茎上生有气生根，压条繁殖春、夏、秋皆可进行，经50天左右生根成活后即可剪下移栽。

花卉诊治

　　在高温高湿期间，易遭蚜虫危害，发现后应及时喷施40％氧化乐果乳油800～1500倍液进行防治。

—— 养花之道 ——

　　早期管理要注意浇水，后期管理可粗放些。

　　植株长到一定程度，要设立支杆。

　　每年发芽前可进行适当疏剪，去掉枯枝和过密枝，使树形合理，利于生长。

　　开花之前施一些复合肥、堆肥，并进行适当灌溉。

　　盆栽宜选择5年以上植株，将主干保留30～40厘米短裁，同时修根，保留主要根系，上盆后使其重发新枝。

　　只保留上部3～5个萌出的新枝，下部的全部剪去，使其成伞形，控制水肥，经一年即可成型。

摆放布置

　　凌霄花喜攀缘，生长速度快，是庭院绿化、垂直绿化的优良植物。可配植于墙隅、廊架、墙垣，开花期极为壮观。也可通过整修制成悬垂盆景，或供装饰窗台、阳台等用。

落叶木质攀缘藤本，以气生根攀附于他物。叶对生，奇数羽状复叶，小叶有7～9片，卵形或卵状披针形，顶部渐尖，基部呈阔楔形。顶生圆锥花序，花萼呈钟状。花冠内呈鲜红色，外呈橙黄色。花期为6—9月。蒴果。

硬骨凌霄

科属：紫葳科硬骨凌霄属

别名：南非凌霄、四季凌霄

Tecomaria capensis

硬骨凌霄原产于南非西南部，20世纪初引入我国，华南和西南各地多有栽培，长江流域及其以北地区多行盆栽。喜温暖湿润和阳光充足环境，不耐阴；不耐寒，温度低于0℃即受冻害；生长适温15~25℃，冬季温度不可低于5℃。对土壤要求不高，喜排水良好的沙壤土。切忌积水。

繁殖方法

扦插繁殖。常于春末秋初用当年生的枝条进行嫩枝扦插，或于早春用一年生的枝条进行硬枝扦插。

花卉诊治

盆栽植株病虫害极少，偶有蚜虫危害，可施用吡虫啉2 000倍液体防治。

—— 养花之道 ——

生长期保持土壤湿润，每15~20天适当施肥1次，花前增施用磷钾肥，冬季休眠期，主要是做好控肥控水工作。

冬季适当修掉瘦弱枝、病虫枝、过密枝。

北方户外温度低于10℃即须移入室内栽培。

摆放布置

硬骨凌霄株形整齐，花序艳丽，花期极长，可三五丛植于草坪、林缘等处，亦可配置于山石、水际、亭廊等处。盆栽可摆放阳台、露台阳光充足处，几乎全年有花可赏。

半藤状或近直立灌木。叶对生，单数羽状复叶；小叶多为7枚，卵形至阔椭圆形，长1～2.5厘米，边缘有不甚规则的锯齿。总状花序顶生；花冠漏斗状，略弯曲，橙红色至鲜红色，有深红色的纵纹，长约4厘米；花期5—10月。蒴果线形，长3～5厘米，略扁。

金边瑞香

科属：瑞香科瑞香属

别名：瑞兰、睡香、风流树

Daphne odora f. marginata

瑞香变种，原产于我国长江流域，生长在低山丘陵荫蔽湿润地带。喜温暖湿润、光照散射及通风良好的环境，稍耐干旱，忌湿涝及阳光暴晒。适生温度为15~25℃。适生于疏松、肥沃、排水良好的偏酸性土壤。

繁殖方法

扦插繁殖，宜在秋季25℃左右时扦插，选择当年生成熟枝条。穗条长度以顶部留3~4叶，下端去叶入土2~3个叶节为宜。扦插基质必须质地纯净，松散通透，扦插环境应阴凉湿润、通风、有散射光的环境，经常喷水，最好喷雾保苗，切忌基质积水。1个月后可成活。

花卉诊治

金边瑞香易感染叶斑病、枯萎病等，每月需喷施百菌清、甲基托布津、多菌灵等广谱杀菌剂2~3次，浓度为1000~1500倍液为宜。

—— 养花之道 ——

春季花谢后，根据长势1~2年需进行1次换盆，上盆后浇透水放置在半阴处。

正常生长后追施1~2次薄肥，夏季高温季节，重点是遮阴与增湿降温，注意通风和增加叶面喷水次数。秋季进入生殖生长阶段，此时应施入以磷钾为主的薄肥，每隔10~15天施1次。进入冬季，要施以磷为主的薄肥，每10天左右施1次。

当气温降到5℃左右时，要移入室内，并给予充足光照，促进开花。

摆放布置

金边瑞香姿态婆娑潇洒，玉叶金边终年茂盛，春节开花，花香浓郁，花期长，摆放于室内，增添节日热闹气氛。同时亦适合种于林间空地，林缘道旁，山坡台地及假山阴面作点缀之用。

多年生常绿小灌木，株高60～90厘米。单叶互生，纸质，长圆形或倒卵状椭圆形，先端钝尖，基部楔形，叶边带黄色。头状花序顶生，由数朵花至12朵花组成，花被筒状，花紫红色，香味浓郁，花期3—5月。果期7—8月。

百子莲

科属：石蒜科百子莲属

别名：非洲百合、蓝花君子兰

Agapanthus africanus

百子莲原产于非洲南部，喜温暖湿润、阳光充足的环境，耐半阴；喜夏季凉爽，不耐寒，在长江以北地区不能露天越冬；忌积水。对土壤要求不严，但喜肥沃疏松、排水良好的沙质壤土。

繁殖方法

常用分株和播种繁殖。分株在春季3—4月结合换盆进行，将过密老株分开，每盆以2~3丛为宜。分株后翌年开花。播种在春季进行，播后15天左右发芽，小苗生长慢，需栽培4~5年才开花。

花卉诊治

常见红斑病危害，发病后叶、花梗、花瓣及球茎鳞片都可受害。可用70%甲基托布津可湿性粉剂1 000倍液喷洒防治。

—— 养花之道 ——

养护宜置于半阴处，6—9月忌烈日直射，以免灼伤叶片。

生长期以湿润为度，夏季尤要注意保证给予充足的水分，并要经常向植株及周围喷水增湿降温。

肥料以饼肥和复合肥交替使用为好，10~15天1次，施肥后要用清水喷淋叶片，以免肥料灼伤叶面。花后要摘去残花并及时追施。

相对休眠期的冬季盆土应保持稍干燥，越冬温度不低于5℃。

摆放布置

百子莲叶丛浓绿光亮，花色淡雅，可盆栽点缀窗台、阳台；温暖地区可露地布置花径、花坛；亦可作切花、插瓶之用。

　多年生草本。有根状茎；叶线状披针形，近革质；花茎直立，高可达60厘米；伞形花序，有花10～50朵，花漏斗状，深蓝色或白色，花药最初为黄色，后变成黑色。花期7—8月。

水鬼蕉

科属：石蒜科水鬼蕉属

别名：美洲水鬼蕉、蜘蛛兰

Hymenocallis littoralis

水鬼蕉原产于美洲南部和中部，我国华南地区广泛栽培。喜温暖湿润的半阴环境，极耐阴；不耐寒，低于5℃即受寒害；耐水湿，不耐旱。对土壤适应性广。

繁殖方法

分球繁殖，春天将植株挖起，将球分开栽培即可，栽植时勿深栽，球颈部分与地面相平即可。

花卉诊治

主要病害有红斑病和叶焦病，少量发生时摘除病叶销毁。发生严重时，用75%代森锰锌可湿性粉剂500倍液、百菌清1 000倍液防治。

—— 养花之道 ——

盆栽生长期保持土壤湿润，每月追肥1次。

夏季强光时，需放半阴湿润处。

花后及时除去残花，并施用磷钾肥。

北方冬季户外温度低于10℃，即需移入室内越冬，越冬温度不低于5℃。

因北方多用暖气，空气湿度低，需每日叶面喷水，但鳞茎为休眠期，需控水停肥。

摆放布置

水鬼蕉叶形挺拔，叶姿秀美；花色素雅，花形别致，亭亭玉立，且耐阴能力强，最宜室内盆栽观赏。可摆放在客厅、阳台等处；温暖地区可培植于庭院角隅、建筑物阴面，或作林下观花地被。

　　多年生常绿草本。有鳞茎。叶数枚，集生基部，抱茎；剑形，长45～75厘米，宽3～6厘米，深绿色。花茎扁平，实心，高30～80厘米；花白色，3～8朵生于花茎之顶。花期6—10月。

水仙

科属：石蒜科水仙属

别名：凌波仙子、中国水仙

Narcissus tazetta var. chinensis

水仙原产于我国、日本及朝鲜，我国福建、台湾等地均有野生。性喜光，喜温暖湿润气候，忌酷热，较耐寒。适生于疏松肥沃、土层深厚的冲积沙壤土，pH值5~7.5均宜生长。

繁殖方法

多采用分球繁殖，将母球两侧分生的小鳞茎分开作种球栽植，一般栽植3~4年才能生成大鳞茎而开花。

花卉诊治

水仙易患斑点病，常在叶面产生白色斑点，扩大可致整个植株死亡，可用波尔多液喷施或剪除病叶防治。

摆放布置

水仙是我国传统十大名花，栽培历史悠久，开花期正值春节，花色素雅，花香馥郁，是深受青睐的冬季室内水养花卉。可通过雕刻塑造各种造型，现已形成独特的水仙玩赏文化。水养可摆放在案头、窗台、书房等处。

—— 养花之道 ——

选择温暖湿润、土层深厚肥沃并有适当遮阴的地方，于9月下旬栽植，栽前施入充足基肥，生长期追施1~2次液肥，不需其他特殊管理，第2年夏季叶片枯黄后，挖出球茎置于通风阴凉处。

待秋季萌动生长期，置于室内盆栽或水养观赏。

多年生草本，高20～40厘米。鳞茎卵球状，径5～8厘米。叶4～9片，扁平，带状。每球一般抽花1～7支或更多，高20～30厘米。伞形花序着花4～8朵，花被6片，白色，内有杯状黄色副花冠，具芳香，有单瓣及重瓣。花期1—2月。

紫娇花

科属：石蒜科紫娇花属

别名：野蒜、非洲小百合

Tulbaghia violacea

　　紫娇花原产地为南非，我国华东、华中、华南、西南有引种栽培。喜温暖湿润、阳光充足的环境，稍耐寒，能耐-5℃低温，较耐热。对土壤要求不严，耐贫瘠，但在肥沃而排水良好的沙质壤土上栽培开花会更加旺盛。

繁殖方法

　　多分株繁殖，春季将地上部分挖起，分栽即可。

花卉诊治

　　病虫害少，炎热干旱时偶有红蜘蛛危害，可施用三氯杀螨醇1 500倍液防治。

—— 养花之道 ——

　　生长期保持土壤湿润即可，每月施肥1～2次，花期增施磷钾肥，养护管理粗放，冬季适当修剪去枯萎枝叶。北方温度低于0℃需移入室内盆栽。

摆放布置

　　紫娇花株形整齐，叶丛翠绿；花色娇艳，花形美观且花期长，是夏季难得的观赏花卉。适宜栽培于庭院角隅或配植于花径，可片植作地被植于林缘或草坪中，亦是良好的切花材料，盆栽植株可摆放阳台、窗台等处。

多年生草本，高30～50厘米；具圆柱形小鳞茎，鳞茎肥厚，直径达2厘米。叶多为半圆柱形，长约30厘米，宽约5毫米。花茎直立，高30～60厘米；伞形花序，具多数花；花粉红色；花期5—8月。

葱兰

科属：石蒜科葱莲属

别名：葱莲

Zephyranthes candida

葱兰原产于南美洲，我国各地栽培应用普遍。喜阳光充足及温暖湿润环境，耐半阴，稍耐寒，在肥沃、排水好的沙壤土中生长良好。

繁殖方法

分株繁殖。春秋季均可进行，2~3枚鳞茎种于穴即可。

花卉诊治

易发生炭疽病，多松土、浇水以增强植株长势，提高抗病能力。对病情较重的地方，可喷洒力克菌2 000~3 000倍液，7~10天1次，连喷2~3次可见效。

—— 养花之道 ——

种植基质可用腐叶土、菜园土各半，掺少量沙，再加点骨粉、氮磷钾复合肥混合成，浅栽稍露鳞茎颈，可使其鳞茎少分蘖，而集中营养开花。

生长期20~30天施1次，以磷钾为主的复合肥，花期每月加喷1次0.2%的磷酸二氢钾，促其长鳞茎和开花，忌单施氮肥。9月后减少浇水量，11月至翌春2月，保持盆土偏干微润即可。

摆放布置

葱兰多作地被植物应用，于公园、林缘、路旁、护坡等处种植均十分适宜，也可作盆栽室内摆放。

多年生常绿草本植物，株高15～20厘米。鳞茎卵圆形，有明显的长颈。叶基生，线形，暗绿色。花葶自叶丛中一侧抽出，花单生，花被6片，白红或外侧略带淡红色，花瓣长椭圆形至披针形，花期为8—11月。蒴果近球形。

韭莲

科属：石蒜科葱莲属

别名：韭兰

Zephyranthes carinata

　　韭莲原产于南美洲，我国南北各地均有引种栽培，贵州、广西、云南常见逸生。喜温暖湿润环境，耐半阴和潮湿，耐寒性不及葱莲。冬季叶枯黄，但地下鳞茎不会冻死，翌春又可长出新叶。宜在排水良好有机质丰富的沙质壤土生长。

繁殖方法

　　分株繁殖。春秋季均可进行，2～3枚鳞茎种于1穴即可。

花卉诊治

　　偶有炭疽病发生，用代森锰锌800～1000倍液喷洒即可。

—— 养花之道 ——

　　盆栽2～3年分球1次。

　　可用腐叶土、菜园土各半，掺少量沙，再加点骨粉、氮磷钾复合肥混合成培养土。种植宜浅栽，稍露鳞茎颈。

　　生长期加强水分管理，20～30天施1次以磷钾为主的复合肥。

　　在长江流域能在室外安全越冬，冬季叶枯黄，但地下鳞茎不会冻死，翌春又长出新叶，在北方则应入室保暖越冬。

摆放布置

　　韭莲花朵美丽雅致，栽培管理方便，适宜作观赏地被植物应用，亦可种于盆内摆放观赏。

多年生球根草本，株高15～20厘米。地下鳞茎卵形。叶数枚基生，扁线形，浓绿色，柔软。花茎从叶丛中抽出，花喇叭状，粉红色或玫瑰红色，花期5—9月。蒴果近球形，种子黑色。

姜花

科属：姜科姜花属

别名：蝴蝶姜、香雪花

Hedychium coronarium

姜花分布于我国南部至西南部。喜高温高湿的半阴环境，忌烈日暴晒；不耐寒，冬季气温降至5℃以下，地上部分枯萎，地下块根休眠越冬；喜水湿，不耐旱。栽培以疏松肥沃、富含腐殖质的沙质壤土为宜。

繁殖方法

采用分株繁殖。繁殖速度也快。温暖地区四季都可以繁殖，从成年植株丛中分栽即可，当年2—3月份种植，7—8月份即可开花。

花卉诊治

病害常有炭疽病、叶斑病危害，可施用50%的多菌灵可湿性粉剂500倍液、65%代森锌600～800倍液防治。

—— 养花之道 ——

生长期需保持土壤湿润，过干过湿均不利于生长；每半月施用1次液态肥料，花前施用磷钾肥。

秋冬季地上部分枯萎后，可将块根掘起贮藏。

摆放布置

姜花株形清秀，花色淡雅，盛夏季节绽放，芳香袭人。可盆栽摆放室内、客厅等处，亦可水养、瓶插。

多年生常绿草本植物。茎直立，高30～60厘米。具
小块根，多分枝，丛生。叶鳞片状或刺状，新叶鲜绿
色。花淡红色，花期7—8月。浆果黑色。

春兰

科属：兰科兰属
别名：中国兰

Cymbidium goeringii

我国的特产，以华东、华南、西南等地为多，现全国各地广泛栽培。性喜凉爽、湿润和通风透光，忌酷热、干燥和阳光直晒。喜排水良好、含腐殖质丰富、呈微酸性的土壤。生长适温15~25℃，冬季能耐-5℃低温。

繁殖方法

分株繁殖常在春季花后或秋季进行，脱盆后将植株冲洗晾干。分株苗一般以2~3筒为宜，按兰苗大小选择用盆，栽植兰苗，要求苗的茎部与盆口平，盆面中部稍高于四周，栽植后浇透水并放半阴处养护。

花卉诊治

病害以炭疽病最为常见，可在发病前喷代森锌6 000倍液预防或在发病初期喷70%托布津1 000倍液防治。虫害以介壳虫危害最多，发生时可用软刷刷除或剪除虫叶，发生数量较多时喷洒40%氧化乐果乳油1 000倍液防治。

—— 养花之道 ——

春季花后换盆，选择疏松透气、排水良好、富含腐殖质的壤土为栽培基质。

生长期应保持空气及土壤湿润，每周施液态淡肥1次。

夏季炎热注意遮阴。秋季生长放缓，每半月施肥1次。

冬季处于休眠期，注意防冻。

摆放布置

春兰叶态优美，花香幽雅，深受人们喜爱。多盆栽置于书桌、案头、窗台等处，供人观赏，亦是馈赠亲友的佳品。

地生草本。假鳞茎较小，卵球形。叶带形，下部常多少对折而成"V"形，边缘无齿或具细齿。花葶从假鳞茎基部外侧叶腋处抽出，高5～20厘米。花序常单朵花，极罕2朵。花色变化大，常为绿色或淡褐黄色而有紫褐色脉纹，有香气。花期1—3月。

寒兰

科属：兰科兰属
别名：草兰、秋兰

Cymbidium kanran

寒兰原产于我国东南西南各省，多生于海拔400～2 400米的林下、河溪及湿润荫蔽处或多石的土壤中。性喜凉爽湿润和通风透风环境，忌酷热、干燥和阳光直晒；生长适温15～25℃，冬季能耐-5℃低温；喜湿润忌积水。喜疏松透气、深厚肥沃、含腐殖质丰富的微酸性土壤。

繁殖方法

分株繁殖常在春季或冬季进行，脱盆后将冲洗，剪掉腐烂根、死根，置于阴处晾干后上盆。分株苗一般以2～3苗为宜，应老苗带新苗，否则不利于生长。栽植后浇透水并放半阴处养护。

花卉诊治

病害以炭疽病最为常见，可在发病前喷代森锌6 000倍液预防或在发病初期喷70%托布津1 000倍液防治。虫害以介壳虫危害最多，发生时可用软刷刷除或剪除虫叶，发生数量较多时喷洒40%氧化乐果乳油1 000倍液防治。

—— 养花之道 ——

按兰苗大小选择用盆，栽植兰苗，要求苗的茎部与盆口平，盆面中部稍高于四周。

生长最适宜温度为20～28℃，最高不要超过30℃，最低不要低过0℃。

生长期空气湿度应保持在65%～85%之间，冬季休眠期空气湿度应为50%～60%。

冬春晴天要有40%～50%的遮阴，夏秋晴天要有80%～90%的遮阴。

寒兰的假鳞茎明显而较大，根细长而深扎，相对较耐干旱，宜盆表面土偏干，4天左右浇水为好，切忌浇半截水。

它忌水渍喜叶湿润。喜欢基质偏干，空气流通的环境。

摆放布置

寒兰叶态挺拔，花香优雅，多盆栽置于书桌、案头、窗台等处观赏，亦是馈赠亲友的佳品。

地生草本，假鳞茎卵球形，叶片3～7枚丛生，直立性强，薄革质，暗绿色，略有光泽。总状花序疏生，着花5～12朵，多为淡黄绿色，也有其他颜色，具浓香，花期为8—12月。蒴果狭椭圆形。

墨兰

科属：兰科兰属

别名：报岁兰、献岁兰、拜岁兰

Cymbidium sinense

墨兰原产于我国、越南和缅甸。喜阴湿、温暖气候，忌强光，畏严寒，喜生于疏松肥沃、排水良好的壤土。

繁殖方法

以分株繁殖为主。选在休眠期，分割丛生兰花的假鳞茎，将其分为单个或2～3个为1组，独立栽种。栽后浇透水，并在荫蔽处缓苗，1周后即可正常管理。

—— 养花之道 ——

墨兰栽培地点要求通风好，并适当遮阴。

用水以天然水最好，如必须用自来水，须暴晒1天之后方可使用。夏、秋两季浇水选日落前后为宜；冬春两季则在日出前后浇水为宜，且多喷雾增加空气湿度。施肥"宜淡忌浓"，一般春末开始，秋末停止。生长季节每周施肥1次；秋冬季生长缓慢，应少施肥，每20天施1次。

花卉诊治

霉菌病多发生在梅雨季节，应除去带菌土壤，用五氯硝基苯粉剂500倍液喷治。黑斑病常发生于高温多雨的夏季，病发时拔除病株，加强通风，降低湿度；用65%的代森锌粉剂600倍液或50%多菌灵800倍液防治，每半月1次，连续3次。介壳虫病发则可用20%氧化乐果乳油500～800倍液防治。

摆放布置

墨兰叶形秀美，花葶直立，花形精致，花期正值春节开花，是年宵花卉精品。最宜摆放书桌、案头、客厅、茶几等处，显得典雅幽静。

多年生草本植物。叶丛生于椭圆形的假鳞茎上，叶片剑形，深绿色，具光泽。花茎通常高出叶面，有花7～17朵；花多呈淡褐色，具紫色条斑，苞片小，基部有蜜腺；花期为1—3月。

大花蕙兰

科属：兰科兰属

别名：蝉兰、西姆比兰

Cymbidium spp.

　　大花蕙兰为园艺栽培类群，由原产于中国西南部及印度、缅甸、泰国、越南等地区的兰属中的大花附生种、小花垂生种以及一些地生兰经过100多年的多代人工杂交育成的品种群。世界上首个大花蕙兰品种为*Cymbidium*'Eburneo-lowianum'，是用原产于中国的独占春（*Cymbidium eburneum*）做母本，碧玉兰（*Cymbidium lowianum*）作父本，于1889年在英国首次培育而得。其后美花兰（*Cymbidium insigne*）、虎头兰（*Cymbidium hookerianum*）、红柱兰（*Cymbidium erythrostylum*）、西藏虎头兰（*Cymbidium tracyanum*）等十多种野生种参与了杂交育种。

繁殖方法

　　大花蕙兰常用分株、播种和组培繁殖。分株繁殖：在植株开花后，新芽尚未长大之前，正处短暂的休眠期。分株前使质基适当干燥，让大花蕙兰根部略发白，略柔软，这样操作时不易折断根部。将母株分割成2~3筒1丛盆栽，操作时抓住假鳞茎，不要碰伤新芽，剪除黄叶和腐烂的老根。

　　播种繁殖：主要用于原生种大量繁殖和杂交育种。种子细小，在无菌条件下，极易发芽，发芽率在90%以上。组培繁殖多用于工厂化大批量生产，起点较高，不适合家庭栽培繁殖。

常绿多年生附生草本，假鳞茎粗壮。假鳞茎上通常有12～14节。叶片2列，长披针形，叶片长度、宽度不同品种差异很大。大花蕙兰花序较长，花数一般多于10朵，品种之间有较大差异。花大型，直径6～10厘米，花色有白、黄、绿、紫红或带有紫褐色斑纹。果实为蒴果。

病害以炭疽病、叶斑病最为常见，可在发病前喷代森锌6 000倍液预防或在发病初期喷70%托布津1 000倍液防治。虫害以介壳虫为害最多，发生时可用软刷刷除或剪除虫叶，发生数量较多时喷洒蚧杀死乳剂1 000倍液或40%氧化乐果乳油1 000倍液防治。

—— 养花之道 ——

1. 光照

与传统的国兰相比，大花蕙兰更喜光，光照不足将导致植株纤细瘦小，抗病力弱，还明显影响大花蕙兰的生长。春季可遮光20%～30%，夏季须遮光40%～50%，9月下旬至12月花芽生长期可开始增加光照。秋季多见阳光，有利于花芽形成与分化。冬季雪天，如增加辅助光照，对开花极为有利。

2. 温度

大花蕙兰喜冬季温暖和夏季凉爽气候，生长适温为10～25℃，昼夜温差最好在8℃以上。在6—10月份白天温度20～25℃，夜间15～20℃为宜，必须保证较大的昼夜温差。夏季温度升高时要撤掉温室的塑料薄膜，换上遮阳网。可忍受短暂高温，大于30℃高温不利于花芽分化和发育。冬季需要适度的加温。

3. 水分

大花蕙兰对水质要求比较高，喜微酸性水，对水中的钙、镁离子比较敏感。以雨水浇灌最为理想，使用井水、地下水会导致盐分积累，不利于根系生长。通常用喷灌，5—9月每天至少浇1次水，盛夏7—8月份一天浇2次水，10月至次年4月每2～3天浇1次水。浇水次数视苗大小和天气状况随时调整。花芽发育期间适当控水能促进花芽分化和花序的形成。

4. 基质

生产上多采用水苔或细树皮。水苔需用800～1 000倍甲基托布津、甲福硫或多菌灵浸泡杀菌消毒。树皮应用标准：幼苗时用2～5毫米的树皮，中苗时用5～10毫米的树皮，大苗时用8～18毫米的树皮。

5. 肥料

生长期氮、磷、钾比例为1∶1∶1，催花期比例为1∶2∶3，肥液pH值为5.8～6.2。一般而言，小苗施肥浓度为3 500～4 000倍，中大苗为2 000～3 500倍，夏季1～2次/天（水肥交替施用），其他季节通常3天施1次肥。有机肥生长期要每月施1次有机肥，豆饼∶骨粉的比率为2∶1，催花期施用纯骨粉。有机肥不能施于根上。骨粉如含盐量太大可先用水冲洗后再施用。冬季最好停止施用有机肥。

6. 通风

大花蕙兰喜凉爽通风，忌闷热。室内栽培须保证通风良好，可使用电风扇或对流扇改善通风条件。空气闷热会导致病害的发生。

摆放布置

大花蕙兰叶色碧绿，株形舒展，花姿粗犷，豪放壮丽，是世界著名的"兰花新星"。它既有国兰的幽香典雅，又有洋兰的丰富多彩，在国际花卉市场十分畅销，近年来称为我国年宵花卉的新宠，深受花卉爱好者的青睐。可盆栽置于客厅、大堂、书房等处观赏，花期近月余，是馈赠亲友的佳品。

石斛兰

科属：兰科石斛属

别名：金钗石斛

Dendrobium spp.

石斛兰是对兰科石斛属（*Dendrobium*）内原种和近缘园艺杂交种的总称。原产于亚洲热带和亚热带地区，以及澳大利亚和太平洋岛屿，全世界约有1 000多种品种。我国约有76种，其中大部分分布于西南、华南、台湾等地。生长海拔100～3 000米，常附生于树上或岩石上。喜温暖湿润气候，喜光，稍耐阴；稍耐干旱与寒冷。

繁殖方法

家庭繁殖方法常用分株、扦插繁殖，生产上则较常用组培繁殖。

分株繁殖：春季结合换盆进行分株。将生长密集的母株从盆内脱出，少伤根叶，把兰苗轻轻弄开，选用3～4株栽于直径15厘米的盆内，有利于成型和开花。

扦插繁殖：选择未开花而生长充实的假鳞茎，从根际剪下，再切成2～3节一段，直接插入泥炭苔藓中或用水苔包扎插条基部，保持湿润，室温保持在18～22℃，插后30～40天可生根。待根长3～5厘米即可盆栽。

附生兰，其形态性状变化多样。假鳞茎丛生，圆柱形或稍扁，基部收缩；叶纸质或革质，矩圆形，顶端2圆裂；总状花序；花大、半垂，白色、黄色、浅玫红或粉红色等，艳丽多彩，十分美丽，许多种类气味芳香。栽培品种有春石斛、秋石斛之分，前者花期集中春季，后者花期集中秋季。

常见的病害有炭疽病、叶斑病等，可施用甲基托布津1 000~1 500倍液防治。虫害主要有介壳虫、蚜虫等，可施用吡虫啉1 500~2 000倍液防治。

—— 养花之道 ——

1. 光照

石斛兰为附生植物，生境独特，对气候环境要求十分严格。多生于温暖、凉爽、高湿的阴坡、半阴坡微酸性岩层峭壁上或树干上，多群聚分布。喜散射光，冬季可阳光直射。

2. 温度

石斛兰类原产于亚洲热带、亚热带高海拔地区，多喜温暖或凉爽气候。生长适温3—10月为20~30℃，10月至翌年2月为12~24℃，其中白天以25~30℃为好，夜间以15~20℃为最佳，日较差在5~10℃较合适。冬季棚室温度应不低于10℃，否则植株停止生长进入半休眠状态，低于8℃时，一般不耐寒的品种易发生寒害，较耐寒的品种能耐5℃的低温。秋末冬初当环境温度降至12℃以下时，应及早搬入室内。夏季当气温超过35℃以上时，要通过搭棚遮阴、环境喷水、增加通风等措施，为其创造一个相对凉爽的环境，使其能继续保持旺盛的长势，安全过夏，避免发生茎叶灼伤。

3. 水分

石斛兰喜较高的空气湿度。对基质的水分要求不严，基质过湿极易导致烂根。生长季节要求水分充足，基质保持湿润即可，空气湿度一般应维持在60%~80%，可通过加湿器每天加湿2~3次，外加叶面喷雾，为其创造一个湿润的适生环境。另外，石斛兰在花谢后约有40天左右的休眠期，在此期间应保持植料稍呈潮润状态。在湿度低、光照差的冬季，植株处于半休眠状态，要切实控制浇水。一般在春、夏、秋3季每2~3天浇水1次，冬季每周浇水1次，当盆底基质呈微润时，为最适浇水时间，浇水要1次性浇透，水质以微酸性为好，不宜夜间浇水喷水，以防湿气滞留叶面导致染病。

4. 基质

盆栽石斛兰多用泥炭、苔藓、蕨根、树皮块和木炭等轻型、排水好、透气的基质。同时盆底多垫瓦片或碎砖屑，以利于排水。栽培场所必须光照充足，对石斛兰生长、开花更加有利。春、夏季生长期，应充分浇水，使假球茎生长加快。9月以后逐渐减少浇水，使假球茎逐趋成熟，能促进开花。生长期每旬施肥1次，秋季施肥减少，到假球茎成熟期和冬季休眠期，则完全停止施肥。栽培2～3年以上的石斛兰，植株拥挤，根系满盆，盆栽材料已腐烂，应及时更换。无论是常绿类还是落叶类石斛兰，均在花后换盆。换盆时要少伤根部，否则遇低温叶片会黄化脱落。

5. 肥料

石斛兰对肥料要求不严，所需肥料较多可通过与其根系共生的菌根来获得。施肥宜在生长期，可用多元缓释复合肥颗粒埋施于植料中。生长季节，每半月用0.1%的尿素加0.1%的磷酸二氢钾混合液喷施叶面1次，以促进鳞茎及叶的生长。当气温超过32℃或低于15℃时，要停止施肥，花期及花谢后休眠期间，也应暂停施肥，以免出现肥害伤根。

6. 通风

石斛兰自然界多生于高大树木上，因此喜凉爽通风，忌闷热。室内栽培须保证通风良好，可使用电风扇或对流扇改善通风条件。

摆放布置

石斛兰总状花序硕大、花色繁多，艳丽多彩，十分美丽，且许多种类具有气味芳香。可盆栽置于室内、阳台、窗台等处观赏；亦可作切花，制作花篮、花束，是深受人们喜爱的高档礼品花卉。

文心兰

科属：兰科文心兰属

别名：舞女兰、金蝶兰、瘤瓣兰

Oncidium spp

文心兰是兰科文心兰属内原种与园艺杂交种的总称。文心兰原种原生于美洲热带地区，主要分布于巴西、美国、哥伦比亚、厄瓜多尔及秘鲁等国家。喜凉爽湿润、阳光充足的环境；不耐寒，低于0℃会受冻害；喜空气高湿润，但忌讳积水。

繁殖方法

可采用分株繁殖。春、秋季均可进行，常在春季新芽萌发前结合换盆进行分株最好。将带2个芽的假鳞茎剪下，直接栽植于水苔的盆内，保持较高的空气湿度，很快恢复萌新芽和长新根。

花卉诊治

病害常有炭疽病、叶枯病危害。发病初期及时喷药。常用药剂有：50%甲基托布津可湿性粉剂1 000倍液或75%百菌清可湿性粉剂1 500倍液，每隔7～10天喷1次，共2～3次。虫害主要有介壳虫、蚜虫等危害，可施用吡虫啉1 000倍液防治。

摆放布置

文心兰植株轻巧潇洒，花茎轻盈下垂，花朵奇异可爱，形似飞翔的金蝶，极富动感，是重要的盆花和切花种类之一。盆栽可置于窗台、阳台、客厅等处观赏，切花常用于花篮、花束。

——养花之道——

1. 光照

文心兰喜半阴环境。规模化生产需用遮阳网，以遮光率40%～50%为适。冬季需充足阳光，一般不用遮阳网，有益于开花。

2. 温度

原叶型（或称硬叶型）文心兰喜温热环境，而薄叶型（或称软叶型）和剑叶型文心兰喜冷凉气候。前者的生长适温为18～25℃，冬季温度不低于12℃。后者的生长适温为10～22℃，冬季温度不低于8℃。

3. 水分

生长期保持基质的湿润，夏季高温季节，每天向地面喷水2～3次，同时叶面喷雾1～2次以降低温度，增加空气湿度。冬季低温时，减少浇水，利于植株过冬。

4. 基质

盆栽植料以细蕨根40%，泥炭土10%，木炭20%，珍珠岩或蛭石20%，碎石和碎砖块10%混合调制效果好。种植时要用碎石或碎砖垫花盆底部1/3左右以利通气和排水。栽培的花盆可用塑料盆、素烧盆、瓷盆等。栽培2～3年以上的文心兰，植株逐渐长大并长出小株，根系过满，要及时换盆。换盆通常在开花后进行，未开花植株，可选择在生长期限之前进行，如早春或秋后天气变凉时进行，栽培材料应一起更换，换盆可结合分株一起进行。

5. 肥料

施肥的时间必须配合植株的生长情形，虽然不同品种的文心兰生长状况并不一致，然而仍可遵循一般的施肥原则。首先，当植株抽出花茎起，应停止施肥，直至花期过后，方能恢复施肥；其次，温度低于10℃时，亦须停止施肥。其余时间可每月施加已稀释的液态肥2～3次，此外固态肥亦可同时施用。

6. 通风

良好的空气流通是文心兰栽培的必要条件，尤其是具有假鳞茎及薄叶的品系，闷热的环境容易引起病害。因此可采用风扇加强通风，更能帮助文心兰消暑。

文心兰的形态变化较大，假鳞茎为扁卵圆形，较肥大，但有些种类没有假鳞茎。文心兰叶片1～3枚，可分为薄叶种、厚叶种和剑叶种。一般1个假鳞茎上只有1个花茎，也有可能一些生长粗壮的2个花茎；有些种类一个花茎只有1～2朵花，有些种类又可达数百朵；文心兰的花色以黄色和棕色为主，还有绿色、白色、红色和洋红色等，其形状有的极小如迷你型文心兰，有些又极大，花的直径可达12厘米以上。

万代兰

科属：兰科万代兰属
别名：桑德万代

Vanda spp.

万代兰是对兰科万代兰属（*Vanda*）内原种与园艺杂交种的总称。我国引入栽培时间不长，但发展迅猛。喜温暖凉爽的气候，喜光；不耐寒，但耐热；喜高空气湿度，也较耐旱。

繁殖方法

万代兰可以高芽繁殖，于秋末时，万代兰在叶腋处会长出高芽，当高芽长至5～7.5厘米时，应用锋利及经消毒的刀子，自母株切下高芽，并种植在装有蛇木屑的盆子中，可移植至较大的盆子。切记在切口上必须涂药，以免受病菌感染。另外，当多年栽培的植株长到1米以上时，可将长30～46厘米的顶芽切下，并涂药消毒两边切口，然后种植在盆中，保持潮湿。

花卉诊治

病害主要有软腐病、炭疽病等。可加强通风，降低空气湿度，剪除病叶。发病期用75%的百菌清可湿性粉剂800倍液或甲基托布津1 000倍液喷洒，每10天喷1次，连喷3次。虫害偶有蜗牛、蛞蝓危害，可人工捕捉去除。

1. 光照

万代兰需要较强的光照，夏季高温季节只需遮光40%～50%的遮阳网，冬季及早春可以全光照条件下栽培。

2. 温度

喜欢高温环境。最适宜温度为20～30℃。因当地全年无霜，万代兰在任何季节都能正常开花。

3. 水分

万代兰是典型的热带气生植物，日常管理中必须保证充足的水分和空气湿度。在雨季靠自然条件即可保持旺盛的长势。旱季必须通过人工洒水使空气湿度保持在80%左右。

4. 施肥

万代兰所需的肥料较其他洋兰高，因此在生长旺盛期间，可每7～10天施用稀释的肥料1次。最佳的肥料是氮、磷、钾的比例为2：2：1。

5. 基质

万代兰的根属气生根，因此凡排水良好的基质都能适用，像蛇木屑、碎砖块、木炭、粗砾砂等，无论是单独或混合使用都是很好的盆土。种植万代兰除了基质外，盆钵亦须相当讲究，在多种材质的盆钵中，以木条盆及陶盆为优，而且在盆上多穿几个洞，更有利于排水良好及空气流通，而除了木条盆及陶盆外，万代兰亦能在蛇木板或树干上生长良好。无论用何种方式栽培，切记盆土必须排水及通气均非常良好。

6. 通风

良好的空气流通是栽培万代兰的必要条件，因此家庭栽培需选择通风良好的环境，忌闷热环境，夏季可采用风扇加强通风，有利于万代兰安全越夏。

摆放布置

万代兰花形奇特，花色繁多，而且花期极长，具有很高的观赏价值。可附生盆栽挂于窗台、阳台等处观赏，亦可作切花制作花篮、花束等。

附生兰科草本。植株直立向上，无假鳞茎，叶片互生于单茎的两侧，长椭圆形或长带形，肉质或近革质，中脉凹下如沟，呈"V"字形。花色繁多，花期多为春夏季。

蝴蝶兰

科属：兰科蝴蝶兰属
别名：蝶兰

Phalaenopsis spp.

蝴蝶兰是对兰科蝴蝶兰属（*Oncidium*）内原种与园艺杂交种的总称。蝴蝶兰原种分布于热带亚洲至澳大利亚，全球60余种，我国产6种。从第1个原生种蝴蝶兰（*Phalaenopsis aphrodite*）在1750年发现至今，经过近200多年的选育，培育出了不少观赏价值极高的品种。

繁殖方法

切茎繁殖法。蝴蝶兰植株的叶腋处虽有潜伏芽1~3个，但多不能萌芽成株。可待植株不断向上生长、茎节较长后，再将植株带有根的上部用消毒过的利刃或剪刀切断，植入新盆使其继续生长，下部留有根茎的部分给予适当的水分管理，不久就可萌生新芽1~3个（依植株本身的性状及管理方法而定）。如植株的茎较长，亦可考虑分切多段，只要每段有2~3节节间或长2~3厘米以上并有根一条以上者，就有可能长成一棵新的植株，但如果植株的根茎均已干枯死亡，则此法无效。

花卉诊治

病害主要有叶斑病、灰霉病、褐斑病等。可加强通风，降低空气湿度，剪除病叶。发病期用75%的百菌清可湿性粉剂800倍液或甲基托布津1 000倍液喷洒，每10天喷1次，连喷3次。虫害主要有介壳虫危害，多发生在秋冬季，室内通风不畅，干燥导致介壳虫危害。发现少量时可用软布擦洗介壳虫，反复几次可根除虫害。若发生严重，可施用介杀死1 000倍液防治。

摆放布置

蝴蝶兰品种繁多，花色艳丽，开花时节，如彩蝶纷飞，极富魅力。目前蝴蝶兰在我国年宵花市场占据主导地位，受到广大花卉爱好者的追捧。可盆栽置于客厅、大堂、书房等处观赏，增添节日的喜庆气氛，亦是馈赠亲友的佳品。

附生草本。根肉质，发达，从茎的基部或下部的节上发出，长而扁。茎短，具少数近基生的叶。叶质地厚，扁平，椭圆形、长圆状披针形至倒卵状披针形，通常较宽，基部多少收狭，具关节和抱茎的鞘，花时宿存或花期在旱季时凋落。花茎一至数枚，拱形，花大，因花形似蝶得名。其花姿优美，颜色华丽，为热带兰中的珍品，有"兰中皇后"之美誉。

卡特兰

科属：兰科卡特兰属

别名：嘉德丽亚兰

Cattleya spp.

卡特兰分布于中美洲至南美洲热带地区，多生于热带雨林的树干或岩石上，我国没有分布。喜温暖湿润与阳光充足环境，不耐阴；不耐寒，低于5℃会受寒害；喜高空气湿度，喜通风良好。

繁殖方法

分株繁殖多在春、秋两季进行。分株时，先将植株从盆中倒出，去掉根部附着的基质，露出根系，剪去腐烂的根及假鳞茎，然后将较大的假鳞茎切开，但每丛应有3个芽以上，因为分剪过小，对新株的恢复生长和开花均有影响。分株后将新株分别种在湿润的新鲜培养基质中。栽植时使新芽向着盆边方向，并留出2～3年的位置。新栽的卡特兰在2～3周内宜放在半阴、潮湿的地方，每日向叶面喷水以保持叶片及假鳞茎不干缩，根部在刚分株时不能浇水，也不能施肥，否则会引起烂根，当新根长至2～3厘米长时才可浇水。

花卉诊治

病害主要有叶斑病、灰霉病、炭疽病、褐斑病等。可加强通风，降低空气湿度，剪除病叶。发病期用75%的百菌清可湿性粉剂800倍液或甲基托布津1 000倍液喷洒，每10天喷1次，连喷3次。虫害主要有介壳虫危害，多发生在秋冬季，室内通风不畅，干燥导致介壳虫危害。发现少量时可用软布擦洗介壳虫，反复几次可根除虫害。若虫害严重，可施用介杀死1 000倍液防治。

卡特兰是卡特兰属内原种和园艺杂交种的总称。栽培上有单叶和双叶之分，前者假鳞茎上只有1片叶子，叶和花较大，通常每个花梗开花1～3朵；后者每个假鳞茎上有2片或2片以上叶子，叶和花较小，花数量较多。另外，卡特兰还可根据花朵颜色分为单色花和复色花两大类，也可根据花形的大小分成大、中、小、微型四大类。为附生兰。假鳞呈棍棒状或圆柱状，具1～3片革质厚叶，是贮存水分和养分的组织。花单朵或数朵，着生于假鳞茎顶端，花大而美丽，色泽鲜艳而丰富。花期多为冬季或早春。

——养花之道——

1. 光照

原产地的卡特兰类多附生于高大树木或岩壁上,故喜散射光的半阴环境。春、夏、秋3季可用遮阳网遮光50%～60%,冬季在温室内可不遮光,稍见一些直射阳光。若光线过强,其叶片和假球茎易发黄或被灼伤,并诱发病害。若光线过弱,又会导致叶片徒长,叶质单薄。

2. 温度

卡特兰类原产于热带美洲,多喜温暖湿润的气候。生长适温3—10月为20～30℃,10月至翌年3月为12～24℃,其中白天以25～30℃为好,夜间以15～20℃为最佳,日较差在5～10℃较合适。冬季棚室温度应不低于10℃,否则植株停止生长进入半休眠状态,低于8℃时,一般不耐寒的品种易发生寒害,较耐寒的品种能耐5℃的低温。秋末冬初当环境温度降至12℃以下时,应及早搬入室内。夏季当气温超过35℃以上时,要通过搭棚遮阴、环境喷水、增加通风等措施,为其创造一个相对凉爽的环境,使其能继续保持旺盛的长势,安全过夏,避免发生茎叶灼伤。

3. 水分

卡特兰喜较高的空气湿度。对基质的水分要求不严,基质过湿极易导致烂根。生长季节要求水分充足,基质保持湿润即可,空气湿度一般应维持在60%～80%,可通过加湿器每天加湿2～3次,外加叶面喷雾,为其创造一个湿润的适生环境。另外,卡特兰在花谢后约有40天左右的休眠期,此期间应保持植料稍呈潮润状态。在湿度低、光照差的冬季,植株处于半休眠状态,要切实控制浇水。一般在春、夏、秋3季每2～3天浇水1次,冬季每周浇水1次,当盆底基质呈微润时,为最适浇水时间,浇水要1次性浇透,水质以微酸性为好,不宜夜间浇水喷水,以防湿气滞留叶面导致染病。

4. 基质

栽培卡特兰的植料通常要求排水良好、疏松透气，多用蕨根、苔藓、树皮块、水苔等混合配制。盆地多用较大木炭块或泡沫块填充2～3厘米作排水层。一般生长旺盛的植株，每隔1～2年更换1次植料，最好在春季新芽刚抽生时或花谢后，结合分株进行换盆。

5. 肥料

卡特兰对肥料要求不严，所需肥料较多可通过与其根系共生的菌根来获得。施肥宜在生长期，可用多元缓释复合肥颗粒埋施于植料中。生长季节，每半月用0.1%的尿素加0.1%的磷酸二氢钾混合液喷施叶面1次，以促进鳞茎及叶的生长。当气温超过32℃或低于15℃时，要停止施肥，花期及花谢后休眠期间，也应暂停施肥，以免出现肥害伤根。

6. 通风

野生卡特兰多生于高大树木上，因此喜凉爽通风，忌闷热。室内栽培须保证通风良好，可使用电风扇或对流扇改善通风条件。

摆放布置

卡特兰类花形奇特、雍容华丽，花色娇艳多变，花朵芳香馥郁，是国际上最知名的观赏兰花种类之一，素有"洋兰之王""兰之王后"的美称。常作盆栽花卉，可置于窗台、案头、书桌等处观赏，亦可作切花，同样是珍贵的年宵花卉，具有很高的商业价值。

马蹄莲

科属：天南星科马蹄莲属
别名：水芋、观音莲

Zantedeschia aethiopica

　　马蹄莲原产于非洲东北部及南部，我国长江流域及北方均作盆栽。喜温暖湿润的环境，生长适温20℃左右，不耐寒，不耐旱。喜疏松肥沃、腐殖质丰富的沙质壤土。

繁殖方法

以分球繁殖为主。花后植株进入休眠期后，剥下块茎四周的小球，另行栽植。培养1年后，第2年便可开花。也可播种繁殖，种子成熟后即行盆播，发芽适温20℃。

花卉诊治

病害有软腐病，一旦发病，及时拔除病株，用200倍福尔马林对栽植穴进行消毒防治。虫害主要是红蜘蛛，可用三硫磷3 000倍液防治。

—— 养花之道 ——

马蹄莲多温室栽培，常于立秋后上盆。盆土宜肥沃而略带黏质的土壤。

生长期喜水分充足，经常保持盆土湿润，保持叶面整洁。每半个月追施液肥1次。

霜降期移入温室，室温保持10℃以上，春节前便可开花。2—4月为盛花期，花后逐渐减少浇水，5月份开始枯黄，可置于干燥通风处，待植株完全休眠，取出块茎，晾干后贮藏，秋季再行栽植。

摆放布置

马蹄莲叶片翠绿，形状奇特，花朵硕大洁白，且花期长，适宜盆栽装饰客厅、书房；亦是重要的切花材料，可用于制作花束、花篮等。

多年生球根草本，具肉质地下块茎。叶基生，有长柄，叶片心状箭形或箭形，先端锐尖、渐尖或具尾状尖头，基部心形或戟形，全缘。佛焰苞管部短，黄色，檐部略后仰，锐尖或渐尖，亮白色，有时带绿色，肉穗花序圆柱形，黄色。花期2—3月，果期8—9月。

桃花

科属：蔷薇科桃属

别名：碧桃

Amygdalus persica

桃花原产于我国，现我国各地广泛栽培。喜温暖湿润与阳光充足的环境，较耐寒；耐旱但不耐水湿；适应性强。喜深厚肥沃、富含腐殖质的沙质壤土。

繁殖方法

嫁接繁殖。砧木多用山桃或桃的实生苗，枝接、芽接的成活率均较高。枝接在3月份芽开始萌动时进行，常用切接，砧木用一二年生实生苗为好。芽接在7—8月进行，多用"丁"形接。砧木以一年生充实的实生苗为好。

花卉诊治

桃花常见病害有细菌性穿孔病、桃流胶病等。前者可在发芽前喷4～5度石硫合剂或1：1：100倍的波尔多液防治；后者是桃花重要病害，树体上的流胶部位，可先行刮除，再涂抹5波美度石硫合剂或涂抹生石灰粉，隔1～2天后再刷70%甲基托布津或50%多菌灵20～30倍液。常见虫害有桃蚜和天牛危害。前者可施用吡虫啉1 500倍液防治；后者若发现枝干上的天牛排粪孔后，将粪便木屑清理干净，注入80%敌敌畏乳油10～20倍，用黄泥将所有排粪孔封闭，熏蒸杀虫效果很好。

—— 养花之道 ——

早春生长期保持土壤湿润，开花前施用磷钾肥，以促开花繁盛。

家庭栽培以观花为主的桃花开花后要及时修剪，以免结果，消耗营养，影响树势。生长期需要及时除去砧木萌蘖，否则观赏品质退化。

家庭作为果树栽培的桃花，花后不修剪，增施用磷钾肥，可促进果实膨大。

摆放布置

桃花是栽培历史悠久的传统花木，园艺品种众多，花色丰富。园林中常以桃花为主题营造专类园，庭院中可配植于草坪、河畔等处观赏，果实可食可赏，深受青睐。

落叶小乔木。叶椭圆状披针形，长7～15厘米，宽2～3.5厘米，先端渐尖，叶缘具细锯齿。花单生或两朵生于叶腋。园艺观赏品种众多，花色有粉红色、深红、白色等。果实近球形核果，表面有毛茸，肉质可食，为橙黄色泛红色。花期4月，果熟期在7—8月。

梅

科属：蔷薇科杏属

别名：春梅、干枝梅、酸梅、乌梅

Armeniaca mume

梅原产于我国，我国长江流域广泛栽培。喜温暖湿润气候，喜光；耐寒性不强，华北地区在背风向阳室外环境下可越冬；较耐干旱，不耐涝；寿命长，可达千年。

繁殖方法

主要靠嫁接繁殖，常用切接和芽接，砧木用毛桃、山桃或杏，杏树老干皮红，嫁接红梅，花色干皮颜色协调。切接多用一二年生的砧木，于3月底或4月初进行。芽接在8—9月进行，一般多用"丁"字形接法。

花卉诊治

常见病害有白粉病、缩叶病、炭疽病等，可施用粉锈宁1 500倍液体、甲基托布津1 000倍液防治。

—— 养花之道 ——

生长期应注意浇水，经常保持盆土湿润偏干状态，既不能积水，也不能过湿过干。

施肥需均衡合理，栽植前施好基肥，花前再施1次磷酸二氢钾；6月还可施1次复合肥，以促进花芽分化。

秋季落叶后，施1次有机肥。

梅花整形修剪多于花后20天内进行。

以自然树形为主，剪去交叉枝、直立枝、干枯枝、过密枝等，对侧枝进行短截，以促进花繁叶茂。

摆放布置

梅花在我国栽培历史悠久，品种繁多，位于"十大名花"之列。最宜营造梅花专类园，充分展现其傲霜斗雪的气质；亦可配置于水边、池畔、林缘、草坪等处；常制作梅桩盆景，亦可枝条瓶插。

落叶小乔木，高4～10米。叶片卵形或椭圆形，长4～8厘米，宽2.5～5厘米，先端尾尖，基部宽楔形至圆形，叶边常具小锐锯齿。花单生或有时2朵同生于1芽内，香味浓，花先于叶开放，花白色至粉红色。果实近球形，直径2～3厘米。花期冬春季，果期5—6月。

日本木瓜

科属：蔷薇科木瓜属

别名：倭海棠、日本贴梗海棠

Chaenomeles japonica

日本木瓜原产于日本，我国长江流域至秦岭以南可栽培。喜温暖湿润与阳光充足的环境，稍耐阴；较耐寒；耐旱，忌积水与土壤黏重。栽培以深厚肥沃、富含腐殖质的酸性壤土为宜。

繁殖方法

可扦插繁殖、分株繁殖。扦插在春季进行，多用根插。分株在春季萌芽前、秋季落叶后进行。

花卉诊治

常见病害有叶斑病、炭疽病等，可施用甲基托布津1 000倍液、炭特灵1 000倍液防治。虫害有日本龟蜡介危害，可施用介杀死1 000倍液防治。

—— 养花之道 ——

生长期保持土壤湿润，雨季注意排涝，生长期每10～15天施用磷钾肥液态复合肥，以促花繁叶茂。

花后及时追肥，促发新枝叶，有利于夏季花芽分化。

花后及时修剪，除去老弱枝、徒长枝，促发新枝；因其多二年生枝条上开花，故冬季不重剪，否则来年无花可赏。秋季控水控肥。

摆放布置

日本木瓜花姿潇洒，花开似锦，是我国北方著名的观赏树种。常植于园路两侧形成花径，或配植于亭台角隅、草坪边缘、水滨池畔。现花市常见其栽培品种，常作盆栽盆景；亦可切枝可供瓶插。

常绿矮灌木，高约1米，枝条广开，有细刺。2年生枝条有疣状突起。叶片倒卵形、匙形至宽卵形，长3～5厘米，宽2～3厘米，边缘有圆钝锯齿。花3～5朵簇生，花砖红色。果实近球形；直径3～4厘米，黄色。花期3—6月，果期8—10月。

月季花

科属：蔷薇科蔷薇属
别名：月月红、长春花

Rosa chinensis

月季花原产于我国，现我国广为栽培。性喜温暖湿润和阳光充足的环境；较耐寒，能耐-15℃的低温，不耐炎热酷暑，夏季温度持续30℃以上时，即进入半休眠，植株生长不良，虽也能孕蕾，但花小瓣少，色暗淡而无光泽，失去观赏价值。

繁殖方法

扦插繁殖不仅可以保持母本的优良特性，而且简单易学、繁殖速度快、成活率高。扦插可在春秋两季进行。在幼龄母树上选择粗壮、饱满、生长势强、无病虫害的1～2年生春梢或当年生秋梢作插穗。插后1个月即可生根，成活率高。

花卉诊治

常有月季黑斑病、白粉病危害，尤以前者危害较重，发现感染病害后及时修剪并施用甲基托布津1 000倍液、三唑酮1 500倍液防治。虫害极少，偶有红蜘蛛危害，可施用三氯杀螨醇1 000倍液防治。

—— 养花之道 ——

春夏季节保持土壤湿润即可，忌土壤积水；秋冬季休眠期适当控水。

因其一年开花量大，故需要施足基肥，且生长期每10～15天施用磷钾肥复合液态肥1次；花后及时修剪残花，并结合追肥进行，则可开花不断。

盆栽月季花每2～3年需要换盆、并结合重剪促进更新。

摆放布置

月季花栽培品种众多，花大色艳，色彩丰富，花形多样，四季常开，且花香馥郁，沁人心脾，有着"花中皇后"的美誉。园林中常营建月季专类园展现其独特魅力，亦常配植于庭院、公园作成延绵不断的花带、花丛、花篱等。因其枝干挺直、花期长，是世界四大切花品种之一，故常用于节日花束、花环。花可提炼香精，亦可入药。

　常绿直立灌木；小枝有粗壮而略带钩状的皮刺，有
时无刺。羽状复叶，小叶3～5片，边缘有锐锯齿。花常
数朵聚生；栽培品种众多，花色有红色、黄色、白色、
粉色等，花直径约5厘米，有微香。花期5月中旬至11月
中旬。蔷薇果卵圆形或梨形，红色。

粉团蔷薇

科属：蔷薇科蔷薇属
别名：野蔷薇

Rosa multiflora var. cathayensis

粉团蔷薇原产于我国华北南部、华东、华中、华南、西南等地区。喜温暖湿润与阳光充足的环境，较耐寒，在北方大部分地区都能露地越冬；耐干旱，耐水湿；耐土壤瘠薄。

繁殖方法

以扦插繁殖为主。可在花后6—7月硬枝扦插，选择健壮无病虫害枝条，保持介质湿润，15～20天可生根。

花卉诊治

病害主要有黑斑病、白粉病等，尤以前者危害较重，发现感染病害后及时修剪，并施用甲基托布津1 000倍液、三唑酮1 500倍液防治。虫害极少，偶有红蜘蛛危害，可施用三氯杀螨醇1 000倍液防治。

—— 养花之道 ——

春季生长期保持土壤湿润，每15～20天施用氮肥1次，开花前施用磷钾肥。

花后及时修剪残花；冬季休眠期或早春萌动前进行1次修剪，修剪量要适中，可将主枝保留在1.5米以内的长度，其余部分剪除，同时将枯枝、细弱枝及病虫枝疏除，促使萌发新枝，不断更新老枝，则可年年开花繁盛。

摆放布置

粉团蔷薇枝叶繁茂，花大色艳，花香馥郁，且花期长，是垂直绿化佳品。最宜栽培于棚架、花廊、墙垣、篱笆、花架等处，枝叶自然舒展，开花时节灿如云霞。

攀缘灌木。小叶5～7枚，长圆形或卵形，边缘有尖锐单锯齿。花多朵，排成圆锥状花序，花粉红，单瓣，花瓣宽，倒卵形，先端微凹，花期4—6月。

球根鸢尾

科属：鸢尾科鸢尾属
别名：鳞茎鸢尾

Iris spp.

园艺栽培品种，我国有引种栽培。喜温凉湿润及阳光充足的环境，较耐寒；喜土壤湿润，畏干旱，忌积水黏重。栽培以深厚肥沃、排水良好的近中性土壤为宜。

繁殖方法

主要采用分球繁殖。常于春、秋2季或花后进行。分割根茎时应使每块至少2~3个芽。亦可播种繁殖，在种子成熟后即行播种，在第2年春发芽，实生苗在2~3年后开花。

花卉诊治

主要病害为根腐病，发病时植株局部生长受阻，花苞枯萎，根系呈水渍状腐烂。因此需要做好栽培土壤消毒，同时需要做好球茎消毒工作。鳞茎在种植前可浸泡500~800倍甲基托布津与800倍多菌灵混合液，再种植可有效降低发病率。

—— 养花之道 ——

球根种植宜在秋冬季，低温接近9℃最宜。

定植前进行土壤消毒，常用氯化苦或溴化甲烷，施入基肥并翻入土中，需要施足基肥。

覆土约5厘米，定植后应立即灌水。早春出叶生长期应适度浇水，又要防止积水。

现蕾时为促进植株坚实，需适度控水；并施用过磷酸钙，可防止花葶倒伏。

摆放布置

本种花色丰富、花形奇特，品种繁多，我国多引种布置早春花展。家庭栽培可配植于庭院、阳台、花坛等处，亦可水培观赏。

多年生草本，株高60~80厘米。地下鳞茎直径2~3厘米，叶丛生，叶形为长披针形，先端尖细，基部为鞘状；叶丛中抽出花葶，花形姿态优美，有三瓣花瓣，为单顶花序，花色有金、白、蓝及深紫色。

蜡梅

科属：蜡梅科蜡梅属

别名：金梅、腊梅、蜡花、黄梅花

Chimonanthus praecox

蜡梅原产于我国华东、华中、华南、西南等地区，长江流域广泛栽培。喜阳光，能耐阴；较耐寒，在不低于−15℃时能安全越冬；耐旱，忌渍水；怕风；喜土层深厚肥沃、排水良好的微酸性沙质壤土，在盐碱地中生长不良。

繁殖方法

繁殖以嫁接为主。嫁接以切接为主，也可采用靠接和芽接。切接多在3～4月进行，当叶芽萌动有麦粒大小时嫁接最易成活。靠接繁殖多在5月份前后进行。芽接繁殖宜在5月下旬至6月下旬为好，蜡梅芽接须选用第1年生长枝条上的隐芽，其成活率高于当年生枝条上的新芽，可采取"V"字形嫁接法。

花卉诊治

病害主要有炭疽病、叶斑病危害，可施用炭特灵1 000倍液防治、百菌清1 000倍液防治。虫害主要有介壳虫、大蓑蛾危害，前者可施用介杀死800倍液防治，后者可用氧化乐果乳油1 000倍液防治。

—— 养花之道 ——

生长期保持土壤湿润，并适当施复合肥1～2次。夏季雨季注意排水，秋季干旱季节及时补充水分。开花前期土壤保持适度干旱，并增施磷钾肥。

蜡梅萌蘖性强，花后需修剪去衰老枝、枯枝、过密枝及徒长枝等，并回缩衰弱的主枝，短截1年生枝，有利于营养枝向开花枝转化。

摆放布置

蜡梅在百花凋零的隆冬绽蕾，斗寒傲霜，浓香扑鼻，历来深受人们喜爱，是我国传统花木。可丛植于公园、小区、庭院等处，亦适合作古桩盆景。

落叶灌木，高达4米。叶对生，纸质至近革质，卵圆形，有时长圆状披针形。花黄色，直径2~4厘米，具有芳香；着生于第2年生枝条叶腋内，先花后叶。果托近木质化，坛状或倒卵状椭圆形。花期11月至翌年3月，果期4—11月。栽培变种有磬口蜡梅、柴油心蜡梅、狗绳蜡梅等。

玉兰

科属：木兰科木兰属

别名：应春花、白玉兰、玉堂春

Magnolia denudata

玉兰原产于我国中部，自唐代以来广泛栽培。喜光，有一定的耐寒性，喜肥沃、湿润而排水良好的酸性土壤，中性及微碱性土上也能生长，较耐干旱，不耐积水；生长慢。

繁殖方法

可扦插、压条繁殖。扦插时间对成活率的影响很大，一般5—6月进行，插穗以幼龄树的当年生枝成活率最高。用生根剂浸泡基部6小时，可提高生根率。压条是一种传统的繁殖方法，适用保存与发展名优品种，选生长良好植株，取直径0.5~1厘米的1~2年生枝作压条，如有分枝，可压在分枝上。定植后2~3年即能开花。

花卉诊治

苗期应防立枯病、根腐病，还要预防蛴螬等地下害虫，茎干有天牛为害，盛夏时要防红蜘蛛。

—— 养花之道 ——

移植以冬季萌动前，或花刚谢，展叶前为好。

花前与花后的追肥特别重要，前者促使花叶繁茂，后者有利于孕蕾，追肥时期为2月下旬与5月。

夏季是玉兰的生长季节，高温与干旱不仅影响营养生长，并能导致花芽萎缩与脱落，影响来年开花，故应保持土壤经常湿润。

修剪期应选在开花后及大量萌芽前。应剪去病枯枝、过密枝、冗枝、并列枝与徒长枝，平时萌蘖随时去除。

摆放布置

玉兰花开花后长叶，开放时朵朵向上，象征着奋发向上的精神。我国传统古典园林中常培育于庭院、堂前，有"玉堂富贵"之说；可片植于公园、小区、风景名胜区等处观赏。

落叶乔木，高达15~20米；幼枝及芽具柔毛。叶倒卵状椭圆形，长8~18厘米，先端突尖而短钝，基部圆形或广楔形，幼时背面有毛。花大，花萼、花瓣相似，共9片，纯白色，厚而肉质，有香气；早春叶前开花。

香彩雀

科属：玄参科香彩雀属
别名：天使花

Angelonia salicariifolia

香彩雀原产于南美洲，我国常作一年生草花栽培。喜温暖湿润与阳光充足的环境，稍耐阴；不甚耐寒，低于5℃易受到寒害，极耐热；耐水湿。栽培以深厚肥沃、富含腐殖质的酸性壤土为宜。

繁殖方法

播种繁殖。可春季播种，7～10天发芽。

花卉诊治

生长强健，病虫害少，偶有蚜虫危害，可用吡虫啉1 000倍液防治。

—— 养花之道 ——

生长期保持土壤湿润，适度浇水，每7～10天施用适量长效复合肥。

幼苗具6～8叶高度约10厘米，可施用矮壮素控制植物高度。

香彩雀分枝性好，整个过程不需摘心。播种到开花需14～16周。

摆放布置

香彩雀植株紧凑，花色淡雅，夏季开花不断，观赏期长，且对炎热高温有极强的适应性，是夏季草花新秀。可布置花坛、花径，盆栽可点缀阳台、窗台。

多年生草本。株高30～60厘米。叶对生，长椭圆状披针形，叶缘有疏锯齿。花生于叶腋，呈假穗状花序，由下而上逐渐开放，有紫、淡紫、粉红、白等色，花期6—9月。

金鱼草

科属：玄参科金鱼草属

别名：龙头花、龙口花

Antirrhinum majus

金鱼草原产于地中海沿岸地区，我国多作二年生栽培。喜夏季凉爽湿润及阳光充足的环境，耐半阴；性较耐寒，不耐酷暑；适生于疏松肥沃、排水良好的土壤，在石灰质土壤中也能正常生长。

繁殖方法

主要用播种繁殖。春秋季播种均可。在长江流域多9—10月秋播，秋播苗比春播苗生长健壮，开花茂盛。秋播后7～10天出苗。

花卉诊治

常见病害有霜霉病、白粉病、灰霉病，可通过改善栽培环境来预防，如通风。病害初期可施用百菌清1 000～1 500倍液。虫害有蚜虫、蓟马等，可施用吡虫啉1 500～2 000倍液防治。

—— 养花之道 ——

生长期保持土壤湿润，勿积水。

金鱼草具有根瘤菌，本身有固氮作用，一般不需要施氮肥，适量增加磷钾肥即可，生长期把握薄肥勤施原则，每10天施1次液态混合肥料；出现花蕾时，用0.1%～0.2%磷酸二氢钾溶液喷洒开花更佳。

作花坛栽培植株在幼苗高度10～15厘米时需要摘心，促矮化；作切花则需剪侧枝，培养独立挺直花序。

摆放布置

金鱼草花序颀长，花色繁多，花期长，园林中广为栽培。适合群植布置花坛、花台；亦可与百日草、万寿菊、一串红等配置花径，可用作背景种植，效果极佳；高秆品种常作切花。

多年生草本。株高20～70厘米。叶片披针形至矩圆状披针形，长2～6厘米，全缘。总状花序顶生；花冠筒状唇形，基部膨大成囊状，上唇直立，2裂，下唇3裂，开展外曲；花色有白、淡红、深红、肉色、深黄、浅黄、黄橙等色；花期4—6月。

毛地黄

科属：玄参科毛地黄属
别名：洋地黄、自由钟

Digitalis purpurea

毛地黄原产于欧洲，我国常见栽培。喜凉爽湿润的气候，喜阳且耐阴；较耐寒，忌炎热；较耐干旱与瘠薄土壤。在湿润肥沃而排水良好的土壤上生长较佳。

繁殖方法

常播种繁殖。南方宜晚秋播种。可用种子直接播种，也可用20℃温水催芽播种。北方于4月上中旬土壤解冻后或11月土壤冻结前播种。

花卉诊治

病害主要有茎腐病，可施用百菌清1 000倍液、甲基托布津800倍液防治。虫害有蚜虫、红蜘蛛等，可用吡虫啉1 500倍液、三氯杀螨醇1 000倍液防治。

—— 养花之道 ——

在幼苗生长期须注意及时浇水和松土除草。喜肥，生长期每10～15天施肥1次开花前需增施磷钾肥，以促进花繁叶茂。

摆放布置

毛地黄株形整齐，花序醒目，花色繁多，最宜片植呈"花海"景观，亦可配植庭院花园，作花坛、花径中景。

二年生或多年生草本，全体被灰白色短柔毛和腺毛，高60～120厘米。基生叶多数，呈莲座状；叶片卵形或长椭圆形；茎生叶下部与基生叶同形，向上渐小。花冠紫红色，内面具斑点，长3～4.5厘米；花期5—6月。

三色堇

科属：堇菜科堇菜属
别名：蝴蝶花

Viola tricolor

三色堇原产于欧洲，我国各地均有栽培。喜凉爽湿润气候，喜光；较耐寒，能耐-5℃低温，忌高温和积水。喜疏松肥沃、排水良好沙质壤土。

繁殖方法

播种繁殖为主，常作二年生栽培。秋季播种后保持介质温度18～22℃，避光遮阴，1周出苗。

花卉诊治

病害主要有灰霉病、炭疽病。可施用75%百菌清可湿性粉剂600～800倍液、60%炭疽福美800～1 000倍液防治。虫害主要有蚜虫、红蜘蛛危害。蚜虫可施用吡虫啉1 500倍液防治，红蜘蛛可施用三氯杀螨醇1 000倍液防治。

—— 养花之道 ——

三色堇喜微潮的土壤，不耐旱；生长期保持土壤湿润，冬天应偏干，每次浇水要见干见湿。

春季气温较高时，需要注意及时浇水。

生长期每10～15天施肥1次，孕蕾期加施磷钾肥，开花后可停止施肥。

此外需要注意气温较低时氨态氮肥易引起三色堇根系腐烂。

摆放布置

三色堇花形奇特，花色繁多，为早春主要花坛草花。适宜布置模纹花坛、点缀花径；可盆栽布置阳台、窗台、台阶，或点缀居室、书房、客堂，饶有雅趣。

二年或多年生草本。地上茎高达30厘米，多分枝。基生叶有长柄，叶片近圆心形，茎生叶矩圆状卵形或宽披针形。花大，两侧对称，直径3～6厘米；通常每花有三色，蓝色、黄色、近白色；花期3—4月。

非洲堇

科属：苦苣苔科非洲堇属
别名：非洲紫罗兰

Saintpaulia ionantha

非洲堇原产于东非的热带地区，我国各地广泛栽培。喜凉爽湿润气候，较耐阴，忌夏季强光与高温，宜在散射光下生长；不耐寒，冬季温度不低于10℃，否则容易受冻害；不耐旱，空气湿度以40%～70%为宜。栽培宜肥沃疏松的中性或微酸性土壤。

繁殖方法

扦插繁殖，主要用叶插。花后选用健壮充实叶片，叶柄留2厘米长剪下，稍晾干，插入沙床。保持较高的空气湿度，室温为15～25℃时，插后3周可生根，2～3个月将产生幼苗，从扦插至开花需要4～6个月。若用大的蘖枝扦插，效果亦可。一般6—7月扦插，10—11月开花；若9—10月扦插，翌年3—4月开花。

—— 养花之道 ——

盆栽植株早春低温不宜过多浇水，否则茎叶容易腐烂；夏季高温、干燥，应多浇水，并喷水增加空气湿度；秋冬气温下降，浇水应适当减少。

属半阴性植物，置于屋内光线明亮处即可，若夏季光线太强，会使幼嫩叶片灼伤或变白，须遮阴防护。

生长期每半月施肥1次。花后及时摘去残花，防止残花霉烂。

花卉诊治

病害主要有叶腐病、灰霉病，可施用甲基托布津1 000倍液或百菌清1 500倍液防治。虫害主要有蛞蝓、蜗牛等，在生长期食植株嫩芽，会造成严重损失，应及时捕捉或在盆土中施入呋喃丹防治；在高温干燥条件下，还易生红蜘蛛，须尽快喷洒克螨特1 000倍液防治。

摆放布置

非洲堇植株小巧玲珑，花形俊俏雅致，花色绚丽多彩，四季开花，花期极长，且耐阴，是欧美地区盛行的室内盆栽花卉。可布置窗台、阳台，或摆放点缀客厅、桌案。

　　多年生草本。全株有毛；叶基部簇生，稍肉质，叶片圆形或卵圆形，背面带紫色，有长柄。聚伞花序有花1~6朵；花冠2唇形，裂片不相等。栽培品种繁多，有大花、单瓣、半重瓣、重瓣、斑叶等。花色有紫红、白、蓝、粉红和双色等颜色。花期几乎可全年，视品种而定。

大岩桐

科属：苦苣苔科大岩桐属
别名：落雪泥

Sinningia speciosa

大岩桐原产于巴西，现世界各地广泛栽培。喜凉爽湿润的气候，喜半阴，忌阳光直射；较耐热，不耐寒，块茎低于5℃不能安全过冬；喜较高空气湿度，不喜大水，避免雨水侵入；喜肥沃疏松的微酸性土壤。

繁殖方法

以叶插繁殖为主，选用生长健壮、发育中期的叶片，连同叶柄从基部采下，将叶片剪去一半，将叶柄斜插入湿沙基质中，盖上玻璃并遮阴，保持室温25℃和较高的空气湿度，插后20天叶柄基部产生愈合组织，待长出小苗后移入小盆。翌年6—7月开花。

花卉诊治

病害主要有叶腐病、灰霉病，可施用甲基托布津1 000倍液或百菌清1 500倍液防治。虫害主要有蛞蝓、蜗牛等，在生长期食植株嫩芽，会造成严重损失，应及时捕捉或在盆土中施入呋喃丹防治。

—— 养花之道 ——

生长期保持土壤湿润，冬季休眠期盆土宜保持稍干燥些，湿度过大会引起块茎腐烂。

生长期间要注意避免烈日暴晒，夏季高温多湿，对植株生长不利。

大岩桐较喜肥，从叶片伸展后到开花前，每隔10～15天应施稀薄的饼肥水1次。当花芽形成时，需增施过磷酸钙。

大岩桐叶面上生有许多丝绒般的茸毛，因此施肥时不可沾污叶面，否则易引起叶片腐烂。

摆放布置

大岩桐花大色艳，花期又长。是节日点缀和装饰室内及窗台的理想盆花。可摆放在会议桌、橱窗前或茶室，增添节日欢乐的气氛。

多年生草本，块茎扁球形，地上茎极短，株高15～25厘米，全株密被白色茸毛。叶对生，肥厚而大，卵圆形或长椭圆形，有锯齿。花顶生或腋生；花冠钟状，先端浑圆，色彩丰富；花色有粉红、红、紫蓝、白、复色等色。花期4—11月，花期持续数月之久。

萼距花

科属：千屈菜科萼距花属
别名：紫花满天星

Cuphea hookeriana

萼距花原产于墨西哥，我国华南、西南、华东南部等地区已引种栽培。喜高温湿润、阳光充足的环境，稍耐阴。不耐寒，在5℃以下常受冻害，耐水湿。耐贫瘠，对土壤适应性强，但以沙质壤土栽培生长最佳。

繁殖方法

扦插繁殖为主。在春、秋2季扦插为好，也可全年进行。选取健壮的带顶芽的枝条5~8厘米，去掉基部2~3厘米茎上的叶片，插入沙床，10天左右生根。

花卉诊治

病虫害少，偶有蚜虫危害，可用吡虫啉1 000倍液防治。

—— 养花之道 ——

生长期适当浇水，保持土壤湿润即可。

由于萼距花一年开花不断，故每月需定期施磷钾肥1~2次，保证花繁叶茂。

冬季适当控制浇水。北方地区需移入室内栽培。

摆放布置

广泛应用于园林绿化中。适于庭园石块旁作矮绿篱，花丛、花坛边缘种植，空间开阔的地方宜群植、丛植或列植。

常绿小灌木，植株高30～60厘米。叶对生，长卵形或椭圆形，有叶柄。花顶生或腋生；花瓣6片，紫红色；花期自春至秋，随枝梢的生长而不断开花。

221

紫薇

科属：千屈菜科紫薇属

别名：痒痒树

Lagerstroemia indica

紫薇原产于全国南北各地。喜温暖湿润气候，喜光，略耐阴；极耐寒；亦耐干旱，忌涝，忌种在地下水位高的低湿地方。喜深厚肥沃的沙质壤土。萌蘖性强，耐修剪。

繁殖方法

繁殖可采用播种法、扦插法和分株法。但以扦插法较好，不仅成活率高，而且成株快，开花早，苗木的产量也较高。

扦插可于6月份进行。选取一年生木质化较好且无病虫害的壮枝，用消过毒的枝剪成长15厘米左右的插穗，将下部叶片剪去，只留上部的二三片叶子，插入苗床中，适度保湿和遮阴。扦插后，每天喷1次水，使湿度保持在70%以上，45天后可生根。扦插苗在苗床中越冬要做好防寒保温工作，第2年4月可移苗定植。

—— 养花之道 ——

春、冬两季应保持盆土湿润，夏秋季节每天早晚要浇水1次，干旱高温时每天可适当增加浇水次数。

要定期施肥，春夏生长旺季需多施肥，入秋后少施肥，冬季进入休眠期可不施。雨天和夏季高温的中午不要施肥，施肥浓度以"薄肥勤施"的原则，在立春至立秋每隔10天施1次，立秋后每半月追施1次，立冬后停肥。

紫薇耐修剪，发枝力强，新梢生长量大。因此，花后要将残花剪去，可延长花期，对徒长枝、重叠枝、交叉枝、辐射枝以及病枝随时剪除，以免消耗养分。每隔2～3年更换1次盆土。

花卉诊治

主要病害有白粉病、煤污病等。白粉病发生时可喷洒25%粉锈宁可湿性粉剂3 000倍液，或70%甲基托布津可湿性粉剂1 000倍液防治；煤污病及时修剪病枝和多余枝条，以利于通风、透光从而增强树势；其次发生时可喷洒70%甲基托布津可湿性粉剂1 000倍液，或50%多菌灵可湿性粉剂1 000倍液等进行防治。虫害有紫薇长斑蚜、紫薇绒介等，可选用40%氧化乐果乳油乳剂、80%敌敌畏乳剂或50%辛硫磷乳油，1 000～1 500涪液防治。

落叶灌木或小乔木，高可达7米；树皮平滑，灰色或灰褐色；小枝具4棱。叶互生或有时对生，纸质，椭圆形或倒卵形。花色为淡红色、紫色或白色，直径3~4厘米，常组成7~20厘米的顶生圆锥花序。花期6—9月，果期9—12月。

摆放布置

紫薇花色鲜艳美丽，花期长，被广泛用于公园、庭院、道路绿化，栽植于建筑物前、院落内、池畔、河边、草坪旁及公园中小径两旁均很相宜；此外紫薇老桩是制作盆景的好材料。

千屈菜 | 科属：千屈菜科千屈菜属

Lythrum salicaria

千屈菜原产于我国，全国各地有栽培，生于河岸、湖畔、溪沟边和潮湿草地。喜温暖湿润、阳光充足环境，耐寒能力强、不耐旱，喜肥沃、保水的淤泥土。

繁殖方法

主要采用分株、扦插繁殖。分株以春、秋2季为最好。春天在4月初，秋天在10月末，选地上茎多的植株，挖出根系，辨明根的分枝点和休眠点。用手或刀把它分开数株栽培即可。扦插繁殖在6月份进行，剪取健壮无病虫害的枝条，必须带有2个芽眼以上的插穗进行扦插，10天左右生根。

花卉诊治

千屈菜抗逆性强，病虫害少。偶有白粉病危害，可用70%甲基托布津可湿性粉剂1 000倍液或百菌清1 500倍液喷洒。

—— 养花之道 ——

栽培简易，管理粗放。

水中栽植水的深度可根据苗的大小而定。

栽前浇水，将苗根直接插进泥浆里。

为了保证良好的观赏效果，使叶壮花美，返青缓苗10天后追肥1次。

分别在返青后展叶时、现蕾前、开花前除草3次，以免杂草与它争夺养分，影响生长。

摆放布置

千屈菜姿态隽秀整齐，花色鲜丽醒目，是重要水生观赏花卉。庭院中可数丛点缀水池、池塘，营造水景；可成片布置于湖岸河旁的浅水处；如在规则式石岸边种植，可遮挡单调枯燥的岸线；也可与其他水生植物进行配置后种植。

多年生草本，高达1米。茎直立，多分枝，四稜形或六稜形。叶对生或3枚轮生，狭披针形，长3.5～6.5厘米，宽1～1.5厘米。总状花序顶生，花数朵簇生于叶状苞片腋内，花瓣紫色，花期6—8月。

天门冬

科属：百合科天门冬属

别名：天冬草、天冬

Asparagus cochinchinensis

天门冬原产于我国，朝鲜、日本、老挝及越南也有分布，生于海拔1 750米以下的山坡、路旁、林下、沟谷及荒地上。喜温暖湿润环境，耐半阴，不甚耐寒；稍耐旱。几无病虫害，养护管理粗放。

繁殖方法

有种子繁殖和分株繁殖2种繁殖方法，目前多采用分株繁殖。采挖天门冬时，选取根头大、芽头粗壮的健壮母株，将母株至少分成3簇，每簇有芽2～5个，带有3个以上的小块根。切口要小，并抹上石灰以防感染，摊晾1天后即可种植。

花卉诊治

主要是红蜘蛛危害，5—6月危害叶部。喷0.2～0.3波美度石硫合剂或用25%杀虫脒水剂500～1 000倍液喷雾，每周1次，连续2～3次。

摆放布置

天门冬株形清秀，枝叶舒展，四季常青。冬季红果状如珊瑚，颇具情趣。多盆栽观赏或作插花切叶叶材。

—— 养花之道 ——

栽培宜选择疏松肥沃土壤，生长期注意保持土壤湿润，并施用氮肥1～2次，可保枝叶繁茂。

家庭盆栽每2～3年需冬季结合换盆，分株栽培。

多年生攀缘状宿根草本。块根肉质，簇生，长椭圆形或纺锤形，灰黄色。茎细，叶状枝，较软，下垂，束生于叶腋，线形，扁平，稍弯曲。叶退化为鳞片，主茎上的鳞状叶常变为下弯的短刺。总状花序，簇生叶腋，花色有黄白色或白色。浆果球形，熟时红色。花期5月，果期8—10月。同属常见的栽培品种有非洲天门冬（*Asparagus densiflorus*）等。

狗牙花

科属：夹竹桃科狗牙花属

别名：马蹄香、白狗花、白狗牙

Ervatamia divaricata 'Gouyahua'

狗牙花原生种为单瓣狗牙花，原产于印度及我国云南。本种为栽培种，在我国南方常见栽培。喜温暖湿润，不耐寒，宜半阴，对土壤要求不严，喜肥沃、排水良好的酸性壤土。生长适温20～28℃。

繁殖方法

扦插繁殖。温室内全年都可进行，室外以6—7月进行扦插最佳，选一年生健枝剪取8～12厘米长的枝梢，扦入蛭石中，注意保湿遮阴，约2周即可生根。

花卉诊治

常有蓟马、蚜虫等为害。发现少量蚜虫时，可用小刷子蘸水刷净，或将盆花倾斜放于自来水下旋转冲洗。发现大量蚜虫时，应及时隔离，并用10%氧化乐果乳油乳剂1 000倍液，或马拉硫黄乳剂1 000～1 500倍液，或敌敌畏乳油1 000倍液喷洒。

—— 养花之道 ——

盆栽1～2年换盆1次。换盆时，要加入复合肥或豆饼作基肥，并对枯枝、弱枝进行修剪，然后置半阴处。

平时要保持土壤湿润，夏季要经常喷水以增加植株周围空气湿度。5—9月，每7～10天宜交替施用复合肥和粪肥水。10月底入室后，一般5～7天浇1次水，土壤稍湿润即可，并保持较好的光照。

室温宜保持10℃以上，否则叶会发黄脱落，低于0℃枝条会受冻。

摆放布置

狗牙花绿叶青翠欲滴，花朵晶莹洁白，具芳香，是优良的盆栽花卉，我国南方地区也可露地栽培于庭院或公园观赏。

常绿灌木，株高3米，多分枝，无毛，有乳汁。叶坚纸质，长椭圆形，基部楔形，全缘。聚伞花序腋生，通常双生，花冠白色，重瓣，高脚碟状，具淡香。蓇葖果长圆形。花期6—11月，果期秋季。

花叶蔓长春

科属：夹竹桃科蔓长春花属
别名：花叶攀缠长春花

Vinca major 'Variegata'

花叶蔓长春原产于欧洲。喜温暖和阳光充足的环境，也耐阴；耐寒，较耐旱，但在较荫蔽处，叶片的黄色斑块变浅，宜植于疏林下。喜较肥沃、湿润的土壤。适应性强，生长快。

繁殖方法

可采用分株、压条及扦插法繁殖。分株繁殖宜在春季进行。此时把上一年的老枝剪掉，刨出植株分开，另行栽植，浇透水即可；压条繁殖在生长季进行。扦插繁殖全年都可进行。选生长健壮、充实的枝条作为插穗，插穗长8～10厘米（2～3个节）。上部留2片叶，下部剪至节根处，扦插后做好遮阴，约20天即可生根。

花卉诊治

常有枯萎病、溃疡病和叶斑病发生，可用等量式波尔多液喷洒防治。虫害有介壳虫和根疣线虫危害，介壳虫用25%亚胺硫磷乳油1 000倍液喷杀，根疣线虫用3%呋喃丹颗粒剂防治。

—— 养花之道 ——

花叶蔓长春花栽培要求疏松、富含腐殖质的沙质壤土，盆栽时可用腐叶土、河沙混合作为基质。

每盆可同时种入多株，并适时摘心，可迅速成形。在生长季节进行多次摘心，可促进多分枝。

由于其生长快，生长期要充分浇水，保持盆土湿润，同时每月施液肥1～3次，以保证枝蔓速生快长及叶色浓绿光亮。

盛夏要避免强光直射，以免灼伤叶片；需适当遮阴，以半阴环境最好。冬季温度低于0℃，需做好保暖防冻措施。

摆放布置

四季常绿，藤蔓铺地，紫花点缀，花期长，是较理想的花叶兼赏类地被材料。可用于攀缘棚架、墙垣，也适合植于阳台、假山高处，或植于吊盆，任其自然下垂。

蔓性常绿半灌木，蔓长50～80厘米。叶椭圆形，先端急尖，基部下延，叶的边缘白色，有黄白色斑点。花单朵腋生，花萼裂片狭披针形；花冠蓝色，冠筒漏斗状；花期3—6月。蓇葖果。

小木槿

科属：锦葵科南非葵属

别名：南非葵、玲珑木槿

Anisodontea capensis

　　小木槿原产于南非的山坡或丘陵地带，我国华东、华南、西南等地有引种栽培。喜光，稍耐阴；喜温暖湿润气候，较耐寒；较耐旱；喜疏松肥沃、排水良好的沙质壤土。

繁殖方法

　　可采用扦插繁殖。扦插宜梅雨季节进行，枝条宜选择半木质化的，过老过嫩均不利生根，长度10～15厘米为宜，插于基质中，遮阴保湿，30天左右可生根。

花卉诊治

　　易发生红蜘蛛及蚜虫危害。红蜘蛛可用三氯杀螨醇乳油500～600倍液或40%氧化乐果乳油1 500倍液防治，蚜虫可用40%乐果乳油1 000倍液喷雾防治。

—— 养花之道 ——

　　生长期应保持土壤湿润，表面干后即可补水，冬季可适当控水，微润即可。

　　为促使植株多分枝形成饱满株形，可采用摘心的方法。

　　随时剪除部分过密枝、病枝、枯枝，有利于通风和其他枝条生长；盆栽养护1~2年后，生长变差，开花减少，此时可重剪，重剪离地10厘米以上枝条全部剪除，可促进植株更新复壮。

摆放布置

　　小木槿植株饱满轻盈，花形清秀，花期长，且耐修剪，可剪成圆球状，观赏性突出。可栽培于庭院、草坪、路旁，亦可盆栽观赏。

落叶灌木，株高约1米。茎具分枝。叶互生，3裂，裂片三角形，具不规则齿。花小，5瓣，圆整可爱，为粉色或粉红色；花期6—9月份。

木芙蓉

科属：锦葵科木槿属
别名：芙蓉花、拒霜花

Hibiscus mutabilis

　　木芙蓉原产于我国，除东北、西北外，广布各地。喜光，稍耐阴；喜温暖湿润气候，不耐寒，在长江流域以北地区露地栽植时，冬季地上部分常冻死，但第2年春季能从根部萌发新条，秋季能正常开花。喜肥沃湿润而排水良好的沙壤土。生长较快，萌蘖性强。对SO_2（二氧化硫）抗性特强，对Cl_2（氯气）、HCl（氯化氢）也有一定抗性。

繁殖方法

　　繁殖可用扦插、分株或播种法。扦插以2~3月为好。选择湿润的沙壤土或洁净的河沙，以长度为10~15厘米的1~2年生健壮枝条作插穗。扦插的深度以穗长的2/3为好。插后浇水后覆膜以保温及保持土壤湿润，约1个月后即能生根，来年即可开花。分株繁殖宜于早春萌芽前进行，挖取分蘖旺盛的母株分割后另行栽植即可。播种繁殖可于秋后收取充分成熟的木芙蓉种子，在阴凉通风处贮藏至翌年春季进行播种。木芙蓉的种子细小，可与细沙混合后进行撒播。

—— 养花之道 ——

　　春季生长期保持土壤湿润，每10~15天施肥1次，花期需适当扣水，并增施磷钾肥。

　　入冬后可重剪剪去地上部分，并适当疏剪，以促来年更新。

花卉诊治

　　病害主要有白粉病，发病初期用25%的粉锈宁2 000倍液喷洒，或70%甲基托布津可湿性粉剂1 500倍液喷洒。虫害以棉大卷叶螟为害最重，可使用杀螟松1 000倍液防治。

摆放布置

　　木芙蓉花大色丽，自古以来多在庭院栽植。可孤植、丛植于墙边，路旁，厅前等处，亦可作花篱。特别宜于配植水滨，开花时波光花影，相映益妍，分外妖娆，有"照水芙蓉"之称。

落叶灌木或小乔木，高2～5米。叶宽卵形至圆卵形或心形，直径10～15厘米，常5～7裂；叶柄长5～20厘米。花单生于枝端叶腋间；花初开时白色或淡红色，后变深红色，直径约8厘米；花期8—10月。蒴果扁球形。

235

木槿

科属：锦葵科木槿属

别名：朝开暮落花

Hibiscus syriacus

　　木槿原产于我国长江流域广大地区，栽培历史悠久。喜温暖湿润、阳光充足环境，稍耐阴；较耐寒；耐干旱，不耐积水。对土壤要求不严，适应性强。

繁殖方法

　　常用扦插和播种繁殖，以扦插为主。多在早春或梅雨季节进行，秋末冬初也可，均极易生根成活。尤其是在母株根基部培上土，让其多生发枝条，待芽条长1~2年后，带部分根挖取移栽，更易成活扦插。

花卉诊治

　　生长期间病虫害较少，病害主要有炭疽病、叶枯病、白粉病等，可用65%代森锌可湿性粉剂600倍液喷洒。

—— 养花之道 ——

　　木槿管理比较粗放，耐修剪。

　　在天旱时适当浇水，生长旺季稍施稀薄液肥即可，每年只稍作修剪，使之通风透光即可。

　　生长期保持土壤湿润。移植宜在落叶后进行。

摆放布置

　　木槿夏、秋季开花，花期长，且有很多花色、花形的变种和品种，是优良的园林观花树种。常作围篱及基础种植材料，宜丛植于草坪、路边或林缘，也可作绿篱或与其他花木搭配栽植。因其枝条柔软、耐修剪，可造型制作桩景或盆栽。

落叶灌木或小乔木。株高达6米，茎多分枝，稍披散，树皮灰棕色。单叶互生，叶卵形或菱状卵形，常3裂，边缘具圆钝或尖锐锯齿。花单生枝梢叶腋，花瓣5枚，花形有单瓣、重瓣之分，花色有浅蓝紫色、粉红色或白色之别，花期6—9月。蒴果长椭圆形，果9—11月成熟。

桂花

科属：木犀科木犀属

别名：木犀、岩桂

Osmanthus fragrans

桂花原产于我国西南部，现广泛栽培于长江流域各省区，华北多盆栽。喜光，稍耐阴；喜温暖和通风良好的环境，耐寒性较强；喜湿润排水良好的沙质壤土，忌涝地、碱地和黏重土壤。

繁殖方法

常用嫁接、扦插、播种繁殖。嫁接繁殖在春季或梅雨季节进行，可用女贞或小蜡作砧木，接穗采用2~3年生枝条，长约10厘米，具2~3芽为宜，嫁接成活后应注意及时除萌。压条繁殖以春季最好，可分高压和地压两种，在健壮母株上选择2~3年生枝条，进行环状剥皮，用塑料纸包裹，内放沙质壤土，经常保持湿润，生根即可呈新株。

花卉诊治

主要虫害红蜘蛛。一旦发现发病，应立即处置，可用螨虫清、蚜螨杀、三唑锡进行叶面喷雾。要将叶片的正反面都均匀的喷到，每周1次，连续2~3次，即可治愈。发生炭疽病，首先要彻底清除病落叶。其次加强栽培管理，做到通风透光。同时发病初期喷洒1：200倍的波尔多液，以后可喷50%多菌灵可湿性粉剂1 000倍液或50%苯来特可湿性粉剂1 000~1 500倍液防治。

—— 养花之道 ——

桂花栽培基质应选择排水良好的沙质壤土。

移植一般有春植和秋植，春植在3—4月进行，秋植在11月前后，在移植前施足基肥。

正常生长后，5—7月每月各追施肥1次，以氮肥为主，掌握薄肥多施的原则。8月后停止施肥，防治秋梢萌发。花后11—12月重新施足基肥，促使来年枝繁叶茂，花芽分化。

常绿灌木至小乔木，高可达12米。树皮灰色，不裂。芽叠生。叶长椭圆形，长5～12厘米，基楔形，全缘或上半部有细锯齿。花簇生叶腋或聚伞状；花小，花色为黄白色，浓香；花期9—10月。核果椭圆形，紫黑色，翌年4月果实成熟。

摆放布置

桂花树干端直，树冠圆整，四季常青，花期正值中秋，芳香馥郁，是我国人民喜爱的传统花木。适宜在庭院、机关、公园、学校种植，也是家庭盆栽材料。花可作香料、糕点、糖果等用。

美叶光萼荷

科属：凤梨科光萼荷属
别名：蜻蜓凤梨、斑粉凤梨

Aechmea fasciata

美叶光萼荷原产于南美巴西东南部，我国有引种栽培。喜阳光充足，亦耐阴；适宜温暖潮湿的环境，又颇耐旱；要求富含腐殖质、疏松肥沃、排水透气良好的土壤。

繁殖方法

可采用播种和分蘖繁殖。开花后经人工辅助授粉易得到种子。种子小，需在室内盆播，25～30℃气温下，播后1个月左右可以出苗。3～4年后长成开花植株即为播种繁殖。花后会在老株的基部生长出一至数枚蘖芽。待芽长至10厘米左右时，切离母株，剥去芽下部叶片，稍晾后栽植，保持盆土湿润，待生根后转入正常管理即为分蘖繁殖。

花卉诊治

如通风条件差，常会发生介壳虫和蓟马危害。发现虫害宜用40%氧化乐果乳油乳剂1 500倍液或用25%亚胺硫磷乳油1 000倍液喷雾防治。

—— 养花之道 ——

生长适温在20℃左右最好，对土壤水分含量要求不高，浇水时掌握见干见湿的原则，当盆土表层下2厘米盆土干时浇水，一次浇透。

在生长旺盛期和开花期，要对莲座状叶筒内灌注一些清水，有利于植株水分吸收，但要定期清除筒内积水，再换清水，以免发臭。花后和休眠期，要保持盆土适当干燥。

冬季气温不能低于10℃。

摆放布置

美叶光萼荷莲座状的叶片有虎纹状银白色横纹，粉色圆锥状花序挺立其中，宛如出水荷花，观赏期可达3个月之久，常作盆栽或吊盆观赏，适宜在室内窗台、阳台、会议室等处绿化美化。

　多年生附生常绿草本植物。叶基生，莲座状叶丛基部围成筒状，可以贮水。叶条形至剑形，被灰色鳞片，绿色。花葶直立，花序穗状，密集成阔圆锥状球形花头；苞片革质，先端尖；花色为淡玫瑰红色；小花无柄，淡蓝色。

果子蔓

科属：凤梨科果子蔓属

别名：擎天凤梨、西洋凤梨

Guzmania lingulata

果子蔓原产于南美安第斯山雨林地区。喜高温高湿和阳光充足的环境，不耐寒，怕干旱，耐半阴；生长适温为15～30℃，气温低于10℃易受冻害；喜肥沃、疏松和排水良好的腐叶土或泥炭土。

繁殖方法

常用分株繁殖、播种繁殖和组培繁殖。分株繁殖：早春当蘖芽8～10厘米时割下，插入腐叶土和粗沙各半的基质中，30～40天可生根，移入盆栽。播种繁殖：采种后须立即播种。采用室内盆播，播种土必须消毒处理，发芽适温为24～26℃，播后7～14天发芽。实生苗具3～4片时可移栽。组培繁殖多以工厂化生产为主。

—— 养花之道 ——

盆栽可用苔藓、蕨根、树皮块等作基质，也可用腐叶土、泥炭土加少量河沙作培养土。

每年需换土1次。生长期每1～2周施1次液肥。

盆土要保持湿润，高温季节要经常向叶面喷水，并向叶筒中浇水。

平时置于明亮的散射光下，勿让阳光直射。

10月下旬入室，越冬温度不低于15℃。冬季不需遮光。

花卉诊治

主要有叶斑病危害，可用等量式波尔多液和50%多菌灵可湿性粉剂1 000倍液喷洒防治。有时发生介壳虫危害，用40%氧化乐果乳油1 000倍液喷杀。

摆放布置

果子蔓苞片色彩醒目，花期又长，盆栽适用于窗台、阳台和客厅点缀；还可装饰小庭院和入口处，常用于大型插花和花展的装饰材料；还可作切花用。

多年生草本。叶长带状，浅绿色，背面微红，薄而光亮。穗状花序高出叶丛，花茎、苞片和基部的数枚叶片呈鲜红色；花小，白色；花期春季。